Technische Mechanik

Gleichgewichtsbereiche mechanischer Systeme durch Reibung

Bilanzfunktionen und Phasenkurven zum Studium
des Systemverhaltens in stationären Zuständen
- bei Veränderungen der Anfangsbedingungen
- bei Veränderungen der Strukturparameter

Horst J. Klepp

Vorwort

In diesem Lehrbuch werden stationäre Zustände mechanischer Systeme untersucht und das Verhalten der Systeme auf Veränderungen der Anfangsbedingungen und der Werte der Strukturparameter, die auf stationäre Zustände führen, bestimmt.

Die stationären Zustände sind isolierte Gleichgwichtslagen und Gleichgewichtsbereiche.

Hauptsächlich geht es um das Verhalten in Gleichgewichtsbereichen, die sich durch die Berücksichtigung von Reibung um isolierte Gleichgewichtslagen und um isolierte relative Gleichgewichtslagen bilden.

Die Systeme ohne Widerstandskräfte und mit geschwindigkeitsproportionaler Dämpfung werden auch behandelt, um auf die Unterschiede im Verhalten der Systeme in den stationären Zuständen im Vergleich zu den gleichen Systemen mit reibungsbedingten Gleichgewichtsbereichen hinzuweisen

Das Systemverhalten sowohl für Systeme mit isolierten Gleichgewichtslagen als auch für Systeme mit Gleichgewichtsbereichen wird mit Hilfe von Phasenporträts anschaulich dargestellt,

Das Verhalten von Systemen ohne Widerstandskräfte oder mit geschwindigkeitsproportionaler Dämpfung kann mit Hilfe der Phasenbilder Zentrum, Fokus und Sattelpunkt beschrieben werden.

Die Phasenbilder von Systemen mit reibungsbedingten Gleichgewichtsbereichen bilden spezifische Muster, für welche die Begriffen Zentrum, Fokus und Sattelpunkt nicht anwendbar sind.

Diese spezifischen Muster haben Gemeinsamkeiten und Unterschiede, je nachdem ob sich die Gleichgewichtsbereiche um stabile oder instabile isolierte Gleichgewichtslagen bilden.

Es werden Fälle mit konstanten Reibungskräften sowie mit Reibungskräften, die über die Reaktionskräfte von den Lageparametern und über die Corioliskraft von der Relativgeschwindigkeit abhängen, behandelt. Diese unterschiedlichen Gesetze für die Reibungskräfte haben Auswirkungen auf die Phasenporträts.

Die Grenzen der Gleichgewichtsbereiche werden durch die maximalen Werte der Haftreibungskräfte bestimmt.

Entscheidend für den Verlauf der Phasenkurven, die in die Gleichgewichtsbereiche einmünden oder sich von den Gleichgewichtsbereichen entfernen, sind die Gleitreibungskräfte.

In den Gleichewichtsbereichen gibt es Abschnitte, in welchen die Gleitreibungskräfte kleiner sind als die Resultierenden der "aktiven" Komponenten in Bewegungsrichtung der Federkräfte und/oder der Fliehkräfte und diese Resultierenden aber kleiner sind als die maximalen Haftreibungskräfte.

Für Anfangslagen in diesen Abschnitten zeigt sich unterschiedliches Verhalten der Körper, wenn Störungen in der Form von kleinen positiven oder negativen Anfangsgeschwindigkeiten angenommen werden.

Diese Störungen haben zur Folge, dass die Körper sich entweder in eine benachbarte Gleichgewichtslage des Gleichgewichtsbereiches verschieben oder sich von den Gleichgewichtsbereichen entfernen.

Für Systeme mit nur einem isolierten stationären Zustand bildet sich in der Regel jeweils nur je ein Gleichgewichtsbereich mit bestimmten Mustern der Phasenpoträts.

Für Systeme mit mehreren isolierten stationären Zuständen bilden sich mehrere Gleichgewichtsbereiche, die sich auch überlappen können und die dadurch auf besondere Muster von Phasenpoträts führen.

Durch die Gleitreibungskräfte, die beim Vorzeichenwechsel der Geschwindigkeit ihre Richtung ändern, treten in den Bewegungsdifferentialgleichungen unstetige Funktionen auf. Deshalb werden die Bewegungs-, Geschwindigkeits- und Beschleunigungsgesetze sowie die Phasenkurven bereichsweise mit dem Anstückelungsverfahren berechnet.

Die Bewegungsdifferentialgleichungen werden mit dem Impulssatz und mit der Lagrange'schen Gleichung zweiter Art bestimmt.

Aus den Bewegungsdifferentialgleichungen werden Bilanzgleichungen für Energie und Arbeit abgeleitet.

Die Bilanzgleichungen sind auch die Gleichungen der Phasenkurven.

Die nummerischen Ergebnisse werden durch die Berechnung von Residuen der Bewegungsdifferentialgleichungen und durch die Ermittlung der Abweichungen in den Bilanzgleichungen überprüft.

Zielgruppe des Lehrbuches sind Studierende ingenieurwissenschaftlicher Fakultäten von Hochschulen und Universitäten.

Für Hinweise auf Fehler und Verbesserungsvorschläge bin ich sehr dankbar.

Der Autor

Equilibrium zones of mechanical systems caused by dry friction

Balance equations and phase trajectories for the investigation of
the bahavior of systems in stationary states
- for perturbations of initial conditions
- for variable structural parameters

Summary

The behavior of bodies in equilibrium zones caused by dry friction around
isolated equilibrium positions is investigated and compared with the behavior in case of systems without resistance forces or with viscose damping.

Linear systems with constant friction forces, with kinetic friction forces
depending on velocity as well as a nonlinear system with several isolated
equlibrium positions and with position dependent static and kinetic friction
forces are considered.

Due to kinetic friction forces, which change the direction if the velocity
changes its sign, functions with discontinuities occur in the differential equations. Therefore, the solutions are determinated domain by domain.

Balance equations are established with the help of the differential equations
of motion. These balance equations are used for the computation of the
phase trajectories and for checking the numerical results.

Stability diagrams show the position parameters of the stationary states
and their stabilty or instability as functions of the values of the structural
parameters.

The phase trajectories which flow into or emerge from the equilibrium positions of the equilibrium zones form specific patterns dependent on the stability or instability of the isolated eqilibrium positions around which the
equilibrium zones due friction occur.

The respons of the bodies on perturbations of the initial conditions and
variations of the structural parameters leading to stationary states is also
determined.

Inhaltsverzeichnis

Kapitel 1

Verhalten in stationären Zuständen bei Veränderungen der Anfangsbedingungen und der Strukturparameter

Für die mathematische Simulation mechanischer Systeme sind die Bewegungsdifferentialgleichungen und die Bilanzgleichungen zu bestimmen. Mit ihrer Hilfe werden die stationären Zustände und die Bewegungen um die stationären Zustände ermittelt.

Der erste Abschnitt behandelt die Gesetze und Methoden der Mechanik, die in diesem Lehrbuch verwendet werden.

1.1 Gesetze der Mechanik

1.1.1 Impulssatz (Grundgesetz)

Auf einen Körper, der als *Massenpunkt* mit der Masse m betrachtet wird, wirken *eingeprägte Kräfte, Bindungskräfte oder Reaktionskräfte* und *Trägheitskräfte*.

Eingeprägte Kräfte sind z. B. Gewichtskräfte, Federkräfte, Dämpfungskräfte, Gleitreibungskräfte, deren Resultierende mit $\vec{F}^{(e)}$ bezeichnet wird.

Federkräfte können *Rückstellkräfte* oder *Verstellkräfte* sein, je nachdem ob sie zur Gleichgewichtslage hin oder entgegengesetz, von der Gleichgewichtslage weg, wirken.

1

Kennlinien sind graphische Darstellungen der Komponenten der Federkräfte in Bewegungsrichtung als Funktionen der Federverformung mit entgegengesetzten Vorzeichen.

Die Komponenten in Bewegungsrichtung der Federkräfte sind *"aktive" Kraftkomponenten*, wie die Rückstellkaft bei einem Schwingungssystem mit einer stabilen Gleichgewichtslage und die Verstellkraft bei einer instabilen Gleichgewichtslage. *Widerstandskräfte* sind die *Dämpfungskraft* und *Gleitreibungskraft*.

Auf einen Körper, der Bindungen unterworfen ist, wirken *Bindungskräfte* oder *Reaktionskräfte*, wie z. B. die Normalreaktion F_N. Die Resultierende der Reaktionskräfte wird mit $\vec{F}^{(R)}$ bezeichnet.

Auch die Haftreibungskräfte sind Reaktionskräfte.

Wenn der Ortsvektor des Massenpunktes in Bezug auf ein Inertialsystem mit $\vec{r}$ bezeichnet wird, dann ist $\vec{v} = \frac{d\vec{r}}{dt} = \dot{\vec{r}}$ die Geschwindigkeit und $\vec{a} = \frac{d\vec{v}}{dt} = \dot{\vec{v}}$ $= \frac{d^2\vec{r}}{dt^2} = \ddot{\vec{r}}$ die *Beschleunigung* des Massenpunktes.

Das *Newton'sche Gesetz (Grundgesetz)* ist

$$m\vec{a} = \vec{F}^{(e)} + \vec{F}^{(R)}.$$

Wenn $m = konst$ gilt, dann ist $m\vec{a} = d(m\vec{v})/dt$ die Ableitung des Impulses $m\vec{v}$ und das Grundgesetz ist der *Impulssatz*

$$\frac{d}{dt}\left(m\vec{v}\right) = \vec{F}^{(e)} + \vec{F}^{(R)}.$$

Mit dem Begriff *Trägheitskraft*, die durch $\vec{F}^{(T)} = -m\vec{a}$ definiert ist, kann das *Grundgesetz in der Form von D'Alembert* als Gleichgewichtsbedingung geschrieben werden,

$$\vec{F}^{(e)} + \vec{F}^{(R)} + \vec{F}^{(T)} = 0. \tag{1.1}$$

In dieser *D'Alembert'schen Form* wird hier der *Impulssatz* zum Lösen von Aufgaben verwendet.

Durch Projektion der Gleichung (1.1) erhält man die skalare Bewegungsdifferentialgleichung.

Für ein System mit einen Freiheitsgrad und der verallgemeinerten Koordinate q ist die Bewegungsdifferentialgleichung eine Differentialgleichung zweiter Ordnung.

Für *autonome Systeme* hat die *Bewegungsdifferentialgleichung* die Form

$$\ddot{q} + g(q, \dot{q}) = 0. \tag{1.2}$$

Zur Überprüfung der nummerischen Ergebnisse werden zu verschiedenen Zeitpunkten t die Werte des Lageparameters $q(t)$, der Geschwindigkeit $\dot{q}(t)$ und der Beschleunigung $\ddot{q}(t)$ in die Bewegungsdifferentialgleichung eingesetzt und die *Residuen* $\mathcal{R}(t)$ berechnet,

$$\mathcal{R}(t) = \ddot{q}(t) + g(q(t), \dot{q}(t)). \tag{1.3}$$

Wenn der Körper sich bewegt, wirkt der Geschwindigkeitsrichtung entgegengesetzt eine Gleitreibungskraft F_g, die eine eingeprägte Kraft ist.

Wenn die Geschwindigkeit des Körpers gleich ist mit null, wirkt den "aktiven" Kraftkomponenten entgegengesetzt eine Haftreibungskraft F_h. Das ist eine Reaktionskraft, die einen bestimmten Betrag $F_{h\,max}$ nicht überschreiten kann.

Entsprechend dem *Coulomb'schen Reibungsgesetz* gilt $F_g = \mu|F_N|$ und $F_{h\,max} = \mu_0|F_N|$.

Hier ist μ der *Gleitreibungskoeffizient* und μ_0 der *Haftreibungskoeffizent*.

Wenn die Bewegung eines Massenpunkt in Bezug auf ein bewegtes Koordinatensystem untersucht wird, welches kein Inertialsystem ist, wird die *absolute Beschleunigung* $\vec{a}$ bei der Berechnung der Tägheitskraft durch ihre Komponenten $\vec{a} = \vec{a}_r + \vec{a}_f + \vec{a}_C$ ersetzt.

Hier sind $\vec{a}_r$ die *Relativbeschleunigung*, $\vec{a}_f$ die *Führungsbeschleunigung*, $\vec{a}_C = 2\vec{\Omega} \times \vec{v}_r$ die *Coriolisbeschleunigung* , $\vec{\Omega}$ die Winkelgeschwindigkeit der Führungsbewegung und $\vec{v}_r$ die Relativgeschwindigkeit.

Die entsprechenden Trägheitskräfte sind $\vec{F}_r^{(T)} = -m\vec{a}_r$, $\vec{F}_f^{(T)} = -m\vec{a}_f$ und $\vec{F}_C^{(T)} = -m\vec{a}_C$.

Die Normalkomponente der Trägheitskraft durch die Führungsbewegung ist die *Fliehkraft*, deren Komponente in Bewegungsrichtung auch eine *"aktive" Kraftkomponente* ist.

Der *Impulssatz in der D'Alembert'schen Form bei Relativbewegung* ist

$$\vec{F}^{(e)} + \vec{F}^{(R)} + \vec{F}_r^{(T)} + \vec{F}_f^{(T)} + \vec{F}_C^{(T)} = 0. \tag{1.4}$$

1.1.2 Lagrange'sche Gleichung zweiter Art

Für ein System mit einem Freiheitsgrad und der verallgemeinerten Koordinate q sei die kinetische Energie $E_k = E_k(q, \dot{q})$ und das Potential sei $E_p = E_p(q)$.

Die *Lagrange'sche Gleichung* zweiter Art ist

$$\frac{d}{dt}\left(\frac{\partial E_k}{\partial \dot{q}}\right) - \frac{\partial E_k}{\partial q} + \frac{\partial E_p}{\partial q} - Q^{(nk)} = 0. \tag{1.5}$$

Die Glieder $\frac{d}{dt}\left(\frac{\partial E_k}{\partial \dot{q}}\right) - \frac{\partial E_k}{\partial q}$ entsprechen den Trägheitskräften.

Das Glied $\frac{\partial E_p}{\partial q}$ entspricht den eingeprägten konservativen Kräften.

Das Glied $Q^{(nk)}$ ist die *verallgemeinerte Kraft* durch die *eingeprägten nichtkonservativen Kräfte*.

Die Gleichung (1.5) ist eine Differentialgleichung zweiter Ordnung und ist die *Bewegungsdifferentialgleichung* des Systems.

Durch analytische oder nummerische Integration werden das Bewegungsgesetz $q = q(t)$, das Geschwindigkeitsgesetz $\dot{q} = \dot{q}(t)$ sowie das Beschleunigungsgesetz $\ddot{q} = \ddot{q}(t)$ ermittelt.

1.1.3 Bilanzgleichungen

Durch Multiplikation der Gleichung (1.2) mit dq und mit der Umformung

$$\ddot{q} \cdot dq = \frac{d\dot{q}}{dt} \cdot dq = d\dot{q} \cdot \frac{dq}{dt} = d\dot{q} \cdot \dot{q} = d\left(\frac{1}{2}\dot{q}^2\right)$$

erhält man

$$d\left(\frac{1}{2}\dot{q}^2\right) + g(q,\dot{q}) \cdot dq = 0.$$

Die Integration mit den Anfangsbedingungen $t = 0$, $q(0) = q_0$ und $\dot{q}(0) = v_0$ ergibt

$$\frac{1}{2}\dot{q}^2 - \frac{1}{2}v_0^2 + \int_0^t g(q,\dot{q}) \cdot dq = 0. \tag{1.6}$$

Das ist eine *Bilanzgleichung*.

Durch Multiplikation der Gleichung (1.5) mit dq folgt

$$\frac{d}{dt}\left(\frac{\partial E_k}{\partial \dot{q}}\right) \cdot dq - \frac{\partial E_k}{\partial q} \cdot dq + \frac{\partial E_p}{\partial q} \cdot dq - Q^{(nk)} \cdot dq = 0. \tag{1.7}$$

Mit $dq = \dot{q} \cdot dt$ ergibt sich

$$d\left(\frac{\partial E_k}{\partial \dot{q}}\right) \cdot \dot{q} - \frac{\partial E_k}{\partial q} \cdot dq + \frac{\partial E_p}{\partial q} \cdot dq - Q^{(nk)} \cdot \dot{q} \cdot dt = 0. \tag{1.8}$$

In dieser Gleichung in Differentialform ist

$$dA = Q^{(nk)} \cdot dq = Q^{(nk)} \cdot \dot{q}dt$$

die *infinitesimale Arbeit der verallgemeinerten nichtkonservativen Kraft* $Q^{(nk)}$.
Das erste Glied dieser Gleichung wird entsprechend der Produktregel $u \cdot dv = d(uv) - v \cdot du$ umgeformt,

$$d\left(\frac{\partial E_k}{\partial \dot{q}}\right) \cdot \dot{q} = d\left(\frac{\partial E_k}{\partial \dot{q}} \cdot \dot{q}\right) - \frac{\partial E_k}{\partial \dot{q}} \cdot d\dot{q}. \qquad (1.9)$$

In die Gleichung (1.8) eingesetzt erhält man

$$d\left(\frac{\partial E_k}{\partial \dot{q}} \cdot \dot{q}\right) - \left(\frac{\partial E_k}{\partial \dot{q}} \cdot d\dot{q} + \frac{\partial E_k}{\partial q} \cdot dq\right) + \frac{\partial E_p}{\partial q} \cdot dq - dA = 0,$$

$$d\left(\frac{\partial E_k}{\partial \dot{q}} \cdot \dot{q}\right) - d(E_k) + d(E_p) - dA = 0 \rightarrow d\left(\frac{\partial E_k}{\partial \dot{q}} \cdot \dot{q} - E_k + E_p\right) - dA = 0. \quad (1.10)$$

Die Integration mit den Anfangsbedingungen $t = 0$, $q(0) = q_0$ und $\dot{q}(0) = v_0$ ergibt

$$\left[\frac{\partial E_k}{\partial \dot{q}} \cdot \dot{q} - E_k + E_p\right]_0^t - \int_0^t dA = 0. \qquad (1.11)$$

Das ist auch eine *Bilanzgleichung*.
Zur Überprüfung der nummerischen Ergebnisse werden zu verschiedenen Zeitpunkten t die Werte des Lageparameters $q(t)$ und der Geschwindigkeit $\dot{q}(t)$ in eine Bilanzgleichung eingesetzt und die *Abweichungen* $\mathcal{B}(t)$

$$\mathcal{B}(t) = \frac{1}{2}\dot{q}^2 - \frac{1}{2}v_0^2 + \int_0^t g(q, \dot{q}) \cdot dq \qquad (1.12)$$

oder

$$\mathcal{B}(t) = \left[\frac{\partial E_k}{\partial \dot{q}} \cdot \dot{q} - E_k + E_p\right]_0^t - \int_0^t dA \qquad (1.13)$$

berechnet.
Wenn die kinetische Energie eines Körpers mit der absoluten Geschwindigkeit $\dot{q}$ in der Form $E_k = \frac{1}{2}m\dot{q}^2$ geschrieben werden kann, dann gilt $\partial E_k/\partial \dot{q} = m\dot{q}$ und $\partial E_k/\partial \dot{q} \cdot \dot{q} = 2E_k$. Die Bilanzgleichung (1.11) ist dann der *Arbeitssatz*

$$E_k(q, \dot{q}) + E_p(q) - [E_k(q_0, v_0) + E_p(q_0)] = \int_0^t dA. \qquad (1.14)$$

Die Veränderung der mechanischen Energie $E_m = E_k + E_p$ ist gleich mit der Arbeit der eingeprägten nichtkonservativen Kräfte.

1.1.4 Phasenebene und stationäre Zustände

Es wird ein System mit den Zustandsgrößen x_1 und x_2 betrachtet, deren zeitliche Veränderungen durch die Differentialgleichungen

$$\frac{dx_1}{dt} = X_1(x_1, x_2), \qquad \frac{dx_2}{dt} = X_2(x_1, x_2) \qquad (1.15)$$

beschrieben werden. Die Funktionen X_1 und X_2 haben endliche und stetige partielle Ableitungen in Bezug auf x_1 und x_2.

In einer Ebene mit den Koordinatenachsen x_1 und x_2 können die Lösungen $x_1 = x_1(t)$ und $x_2 = x_2(t)$ der Differentialgleichungen (1.15) als Parameterdarstellung einer Kurve angesehen werden. Die Ebene wird *Phasenebene* und die Kurven werden *Phasenkurven* genannt.

Wenn für die Differentialgleichungen (1.15) ein erstes Integral, also ein Erhaltungsgesetz, in der Form

$$f(x_1, x_2) = 0 \qquad (1.16)$$

bestimmt werden kann, dann ist das auch die *Gleichung der Phasenkurven*. Für Anfangsbedingungen $x_1 = x_{1s}$, $x_2 = x_{2s}$, welche die Bedingungen

$$X_1(x_{1s}, x_{2s}) = 0, \qquad X_2(x_{1s}, x_{2s}) = 0 \qquad (1.17)$$

erfüllen, folgt aus den Gleichungen (1.15), dass $dx_1/dt = 0$, $dx_2/dt = 0$ gilt. Die Phasenkurve besteht dann nur aus dem Punkt (x_{1s}, x_{2s}).

Solche Phasenpunkte sind *stationäre Zustände* und werden *singuläre Punkte* genannt.

Die Punkte der Phasenebene, die nicht singulär sind, werden *reguläre Punkte* genannt.

Der Verlauf der Phasenkurven in der Umgebung der singulären Punkte gibt Aufschluss über die *Stabilität* der entsprechenden stationären Zustände.

Die Bewegungsdifferentialgleichung (1.2) eines autonomen Systems mit einem Freiheitsgrad q kann mit den Bezeichnungen $x_1 = q$ und $x_2 = \dot{q}$ in der Form (1.15) geschrieben werden,

$$\frac{dx_1}{dt} = x_2, \qquad \frac{dx_2}{dt} = -g(x_1, x_2).$$

Wenn die Funktion $g = g(x_1, x_2)$ die Stetigkeitsbedingungen nicht erfüllt, dann werden die Phasenkurven bereichsweise mit dem *Anstückelungsverfahren* bestimmt.

Die Endbedingungen an der Grenze eines Bereiches mit stetiger Funktion $g(x_1, x_2)$ sind die Anfangsbedingungen für den folgenden Bereich mit stetiger Funktion $g(x_1, x_2)$.

Wenn Gleitreibungkräfte $-\mu|F_N| \cdot \text{sign}(\dot{q})$ berücksichtigt werden, mit dem Reibungskoeffizienten μ und der Normalreaktion F_N, dann enthält die Funktion $g(q, \dot{q})$ die *unstetigen Funktionen* $\text{sign}(\dot{q})$ und $\text{sign}(F_N)$.

Die Berechnungen erfolgen dann bereichsweise und die Grenzen der Bereiche sind die Linien $\dot{q} = 0$ und $F_N = 0$

Wenn q eine Lagekoordinate in Bezug auf ein Inertialsystem oder in Bezug auf ein bewegtes Koordinatensystem ist, dann sind die stationären Zustände $q = 0$, $\dot{q} = 0$ Gleichgewichtslagen bzw. relative Gleichgewichtslagen.

1.2 Verhalten bei Veränderungen der Anfangsbedingungen

Damit ein mechanisches System sich in einem *stationären Zustand* befindet, müssen die Systemparameter bestimmte Werte und die Anfangsbedingungen bestimmte Bedingungen erfüllen. Es stellt sich die Frage, wie sich ein System verhält, wenn die Anfangsbedingungen nicht mit denen übereinstimmen, für welche ein stationärer Zustand entspricht.

Wenn der stationäre Zustand eine *isolierte Gleichgewichtslage* ist, dann wird das Verhalten des Systems untersucht, wenn die Bewegung mit "veränderten" Anfangsbedingungen beginnt. Mit "veränderten" Anfangszuständen kann sich das System dem stationären Zustand "nähern" oder "entfernen".

Wenn die stationären Zustände keine isolierten Gleichgewichtslagen sind sondern einen Gleichgewichtsbereich bilden, dann ist es auch möglich, dass diese "veränderten" Anfangszustände auch stationäre Zustände sind.

Solches Verhalten wird mit den Begriffen *"stabil"*, *'nicht stabil'* und *"indifferent"* gekennzeichnet.

Für Differentialgleichungen, die bestimmte Kontinuitätsbedingungen erfüllen, wurde von *Ljapunov* ein Stabiltätsbegriff mathematisch definiert und Methoden vorgestellt, die zur Feststellung des stabilen oder nicht stabilen Verhaltens um einen isolierten stationären Zustand verwendet werden können [10], [13], [15].

Diese Methoden basieren auf *Linearisierung* der Differentialgleichungen oder auf *Ljapunov-Funktionen*, mit welchen die Stabilität der stationären Zustände festgestellt wird.

Diese Methoden und Begriffe können nicht für Systeme mit Gleichgewichtsbereichen angewendet werden.

In diesen Fällen wird mit allgemeineren Gesetzen der Mechanik und Methoden der Mathematik, wie der Arbeitssatz oder andere Bilanzgleichungen sowie die Berechnung und Darstellung von Phasenkurven, das Verhalten der Körper mit veränderten Anfangsbedingungen bestimmt.

Die Abbildungen 1.1, 1.2 und 1.3 zeigen die in den Abschnitten 2.1, 2.2 und 2.3 berechneten Phasenkurven um eine *isolierte stabile Gleichgewichtslage*. Für das System ohne Widerstandskräfte sind die Phasenkurven Ellipsen mit den Halbachsen $\hat{q}$ und $\hat{q}\omega$. Hier ist $\hat{q}$ die Amplitude und $\omega = \sqrt{c/m}$ ist die Kreisfequenz der Bewegung. Der singuläre Punkt $q = 0$, $\dot{q} = 0$ ist ein *Zentrum*.

Für das System mit geschwindigkeitsproportionaler Dämpfung sind die Phasenkurven nach innen gewundene Spiralen und der singuläre Punkt $q = 0$, $\dot{q} = 0$ ist ein stabiler *Fokus*. Das System nähert sich asymptotisch der Gleichgewichtslage $q = 0$.

Für das System mit *konstanter Reibung* bildet sich um die Lage $q = 0$ ein *Gleichgewichtsbereich* $(-r_0, r_0)$, in welchen alle Phasenkurven einmünden. Die Phasenkurven sind spiralartige nach innen gewundene Kurven, welche in den Gleichgewichtslagen des Gleichgewichtsbereiches enden. Der Körper erreicht in endlicher Zeit eine Gleichgewichtslage des Gleichgewichtsbereiches.

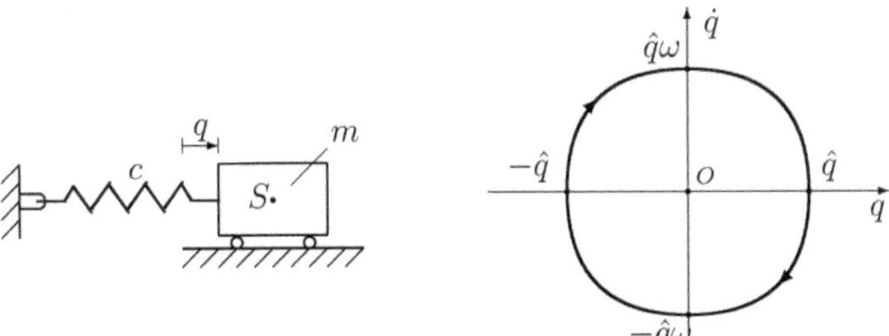

Abbildung: 1.1 Phasenkurve um die stabile Gleichgewichtslage $q = 0$
für ein System ohne Widerstandskräfte, $\omega = \sqrt{c/m}$

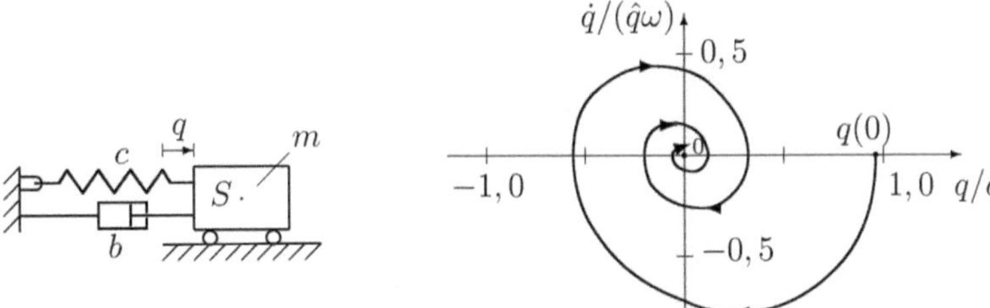

Abbildung: 1.2 Phasenkurve um die stabile Gleichgewichtslage $q = 0$
für ein System mit Dämpfung, $\omega = \sqrt{c/m}$

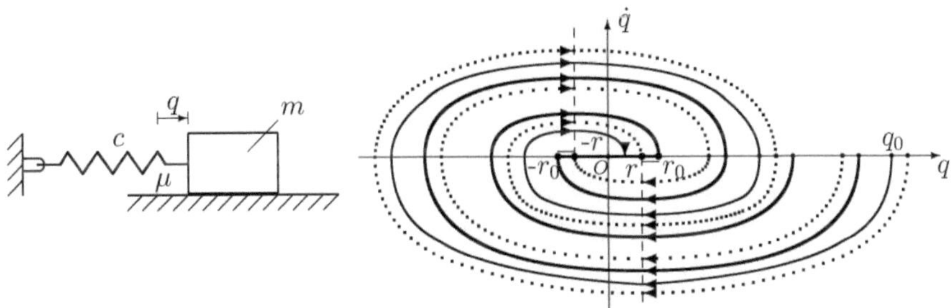

Abbildung: 1.3 Phasenkurven um die stabile Gleichgewichtslage $q = 0$
mit dem Gleichgewichtsbereich durch Reibung $(-r_0, r_0)$

Die Abb. 1.4.1 zeigt einen Körper in einem Rohr, welches sich mit konstanter Winkelgeschwindigkeit Ω um die vertikale Achse Oz_1 dreht. Für $q \neq 0$ wirkt als "aktive" Kraft die *Fliehkraft* $F_f = m\Omega^2 q$. In der Lage $q = 0$ befindet sich der Körper in einer *instabilen relativen Gleichgewichtslage*.

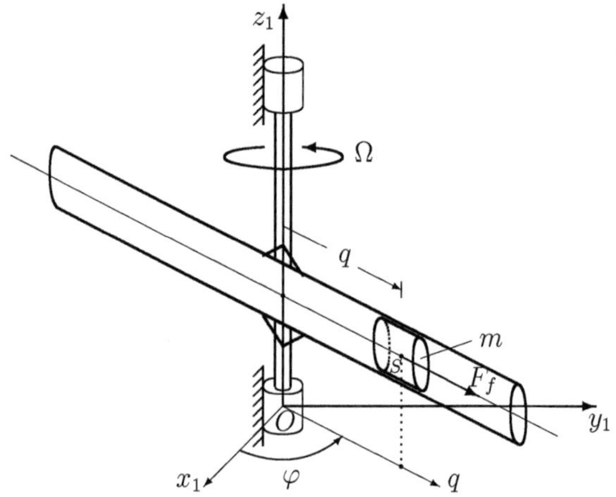

Abbildung: 1.4.1 System mit instabiler relativer Gleichgewichtslage $q = 0$

In den Abbildungen 1.4.2, 1.4.3 und 1.4.4 sind die in den Abschnitten 2.4, 2.5 und 2.6 berechneten Phasenkurven um die instabile Gleichgewichtslage $q = 0$ dargestellt.

Für das System ohne Widerstandskräfte oder mit geschwindigkeitsproportionaler Dämpfung sind die Phasenkurven Hyperbeln und Geraden und der singuläre Punkt $q = 0$, $\dot{q} = 0$ ist ein *Sattelpunkt*.

Für das System mit konstanter Gleitreibung $F_g = cr$ und konstanter maximaler Haftreibung $F_{h\,max} = cr_0 = 1,5\,cr$ bildet sich um die Lage $q = 0$ ein *Gleichgewichtsbereich* zwischen $q/r = -1,5$ und $q/r = 1,5$, in welchen Phasenkurven einmünden und sich Phasenkurven auch entfernen.

Für Anfangslagen mit kleinen negativen Anfangsgeschwindigkeiten im Bereich zwischen $q/r = -1,5$ und $q/r = -1,0$ sowie mit kleinen positiven Anfangsgeschwindigkeiten im Bereich zwischen $q/r = 1,0$ und $q/r = 1,5$ entfernt sich der Körper vom Gleichgewichtsbereich. Diese Abschnitte des Gleichgereiches sind mit einem zusätzlichen dünnen Strich gekennzeichnet.

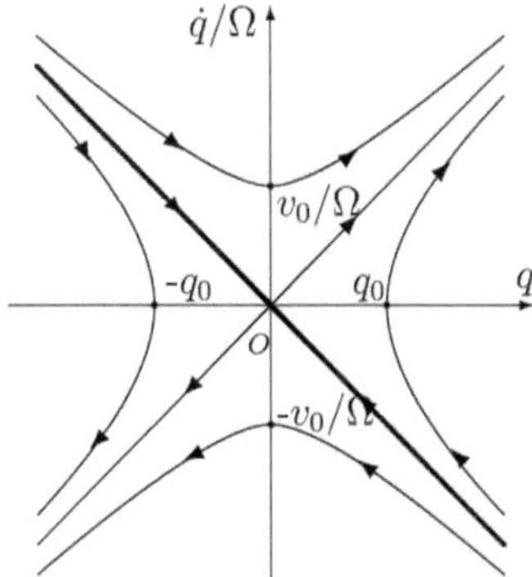

Abbildung: 1.4.2 System ohne Widerstandskräfte

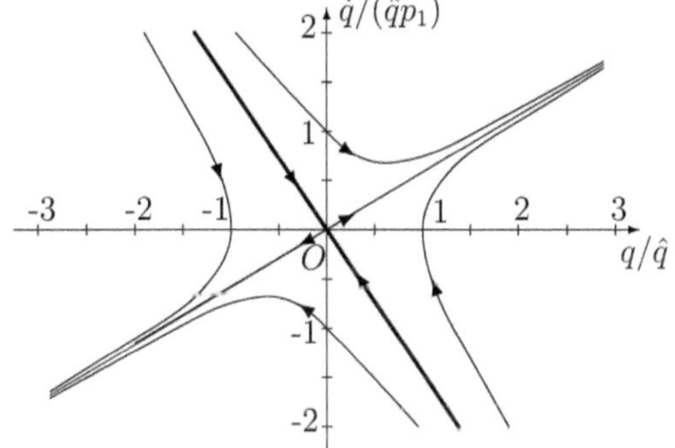

Abbildung: 1.4.3 System mit Dämpfungskraft

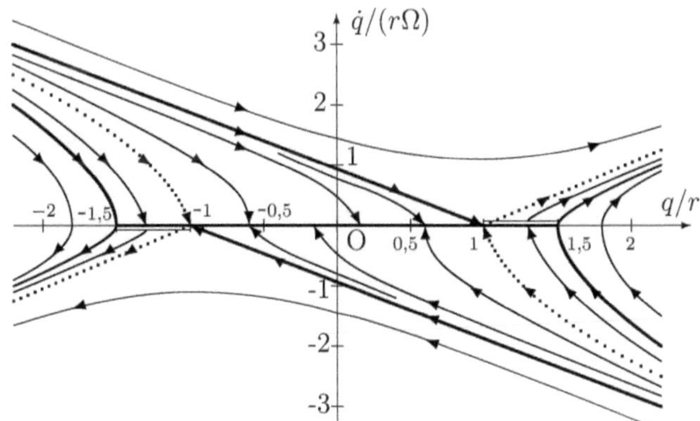

Abbildung: 1.4.4 System mit Reibungskräften

Abbildung 1.4:. Phasenkurven um die instabile relative
Gleichgewichtslage $q = 0$

1.3 Verhalten bei Veränderungen der Strukturparameter

Die mechanischen Modelle für technische Systeme sind durch *Strukturparameter* wie Längen, Winkel, Massen, Trägheitsmomente, Winkelgeschwindigkeiten, Federsteifigkeiten, Dämpfungskonstanten und Reibungskoeffizienten definiert.

Die Strukturparameter treten als Koeffizienten der Bewegungsdifferentialgleichung auf.

Es wird untersucht, wie sich Änderungen der nummerischen Werte der Koeffizienten der Systemgleichungen, also "Veränderungen der Strukturparameter", auf die stationären Zustände, d.h. die Gleichgewichtslagen oder die relativen Gleichgewichtslagen, auswirken..

In diesem Zusammenhang wurde von *A. A. Andronov* und *L. S. Pontryagin* der Begriff *"robuste" Systeme* eingeführt und für Schwingungssysteme angewendet [2].

Wenn durch "kleine Störungen der Struktur", also durch kleine Veränderungen der nummerischen Werte der Koeffizienten der Systemgleichungen, keine "qualitativen Veränderungen" des Systemverhaltens auftreten, dann ist das *System robust*.

Das Verhalten, wenn kleine Strukturveränderungen in den Bewegungsdifferentialgleichungen "keine qualitativen" Veränderungen der entsprechenden Phasenporträts bewirken, wird auch als *"strukturstabil"* bezeichnet [1].

Es wird ermittelt, welche Werte der Strukturparameter auf stationäre Zustände, das sind hier Gleichgewichtslagen und relative Gleichgewichtslagen, führen, und wie Veränderungen der Strukturparameter das Verhalten der Körper beeinflussen.

Um die "Robustheit" oder "Strukturstabilität" eines Systems zu bestimmen, werden die Veränderungen des Verhaltens mit veränderten Strukturkennwerten mit Hilfe der veränderten Potentiale und Phasenkurven untersucht, um "qualitative" Änderungen festzustellen.

Beispiele von *"qualitativen" Veränderungen* werden in [12] behandelt.

Solche Veränderungen sind:

- stabile Gleichgewichtslagen werden instabil oder umgekehrt,

- im veränderten System treten zusätzliche Gleichgewichtslagen auf oder

- vorher existierende Gleichgewichtslagen sind nicht mehr vorhanden.

Wenn die stationären Zustände isolierte Gleichgewichtslagen sind, kann das Verhalten und die Änderungen des Verhaltens mit den Begriffen Zentrum, Fokus und Sattelpunkt beschrieben werden.

Wenn die stationären Zustände Gleichgewichtsbereiche sind, die sich durch Reibung um isolierte Gleichgewichtslagen bilden, dann sind die Begriffe Zentrum, Fokus und Sattelpunkt nicht anwendbar und es gibt eine Vielzahl von anderen Mustern von Phasenkurven.

In solchen Fällen wird das veränderte Verhalten beschrieben

In diesen Untersuchungen sind *Stabilitätsdiagramme* hilfreich, in welchen für verschiedene Werte der Strukturparameter die Lageparameter der Gleichgewichtslagen oder der relativen Gleichgewichtslagen und ihr Stabilitätsverhalten angegeben wird.

Die Abb. 1.5 zeigt ein nichtlineares Feder-Masse-System, welches im Abschnitt 2.10 untersucht wird.

Der Körper von der Masse m kann sich entlang einer horizontalen Führung bewegen und verformt eine Feder.

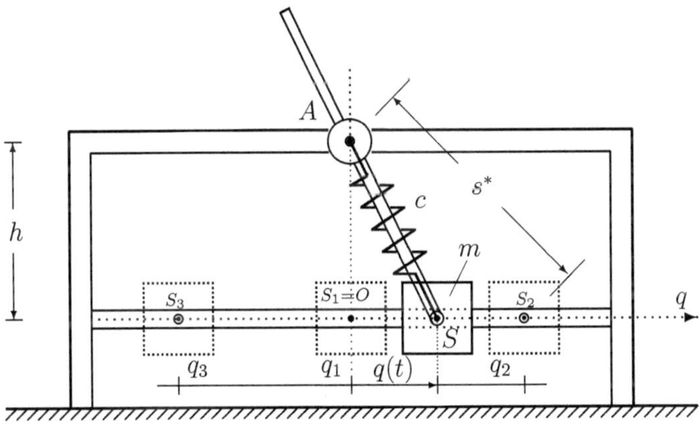

Abbildung: 1.5 Nichtlineares Feder-Masse-System mit $h < s^*$ und die Gleichgewichtslagen $S_1 = O$, S_2 und S_3

Als *Strukturparameter* wird das Verhältnis h/s^* angenommen.

Hier ist h der Abstand zwischen dem Drehgelenk A und dem horizontalen Führungsstab und s^* ist die unverformte Länge der Feder.

Diese Werte entscheiden über die Anzahl der Gleichgewichtslagen und über deren Stabilität.

In den Abschnitten 2.11 und 2.12 wird angenommen, dass Reibung zwischen Körper und Führung wirkt und sich Gleichgewichtsbereiche bilden.

Dann sind auch der Haftreibungskoeffizient μ_0 und der Gleitreibungskoeffizient μ *Strukturparameter*.

Der Einfluss der Reibwerte auf das Verhalten des Körpers in den Gleichgewichtslagen innerhalb der Gleichgewichtsbereiche bei Störungen durch Impulse, welche dem Körper positive oder negative Anfangsgeschwindigkeiten vermitteln, wird untersucht.

Die Abb. 1.6 ist ein *Stabilitätsdiagramm* und zeigt die Gleichgewichtslagen q/s^* in Abhängigkeit vom Strukturparameter h/s^*.

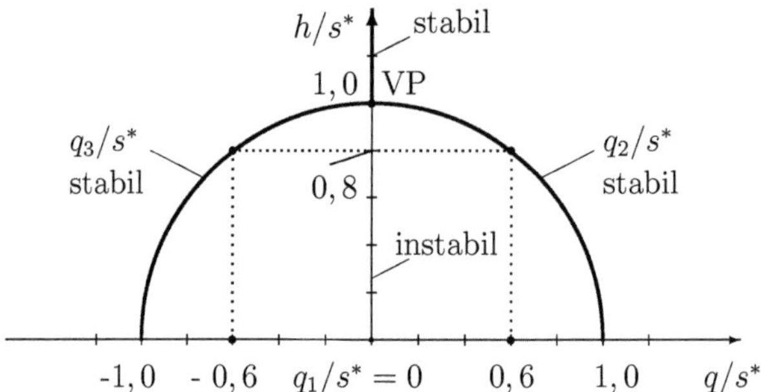

Abbildung: 1.6 Stabilitätsdiagramm für das Ferder-Masse-System mit $h/s^* = 0,8$ und den Gleichgewichtslagen 0, $0,6$ und $-0,6$

Den mit dickem Strich gezeichneten Kurven entsprechen stabile Gleichgewichtslagen.

Die Gleichgewichtslage $q/s^* = 0$ ist für $h/s^* \in (0, 1)$ instabil und für $h/s^* \geq 1$ stabil.

Der Punkt VP mit $q/s^* = 0$, $h/s^* = 1$ ist ein *Verzweigungspunkt*, weil

• die Stabilität der Gleichgewichtslage $q/s^* = 0$ sich ändert und

• weil es für $h/s^* > 1$ nur eine Gleichgewichtslage gibt, $q_1/s^* = 0$, und für $h/s^* < 1$ gibt es drei Gleichgewichtslagen, $q_1/s^* = 0$, $q_2/s^* > 0$ und $q_3/s^* = -q_2/s^*$.

Für $h/s^* = 0,8$ gibt es die instabile Gleichgewichtslage $q_1/s^* = 0$ sowie die stabilen Gleichgewichtslagen $q_2/s^* = 0,6$ und $q_3/s^* = -0,6$.

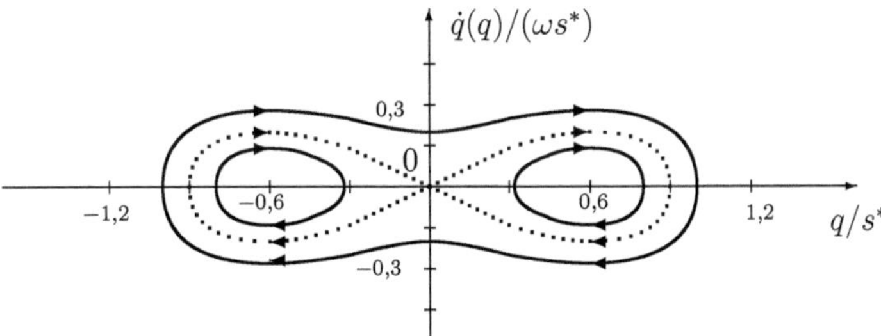

Abbildung: 1.7 Phasenporträt für $h/s^* = 0,8$

Das *Phasenporträt* in der Abb. 1.7 bestätigt diese Aussagen.

Es gibt Zentren in den Gleichgewichtslagen $q_2/s^* = 0,6$ und $q_3/s^* = -0,6$ sowie den Sattelpunkt in $q_1/s^* = 0$.

Die *Normalreaktion*, die auf den Körper wirkt, hängt von der Lagekoordinate q ab. Deshalb sind auch die *Gleitreibungskraft* und die *maximale Haftreibungskraft* von q abhängig.

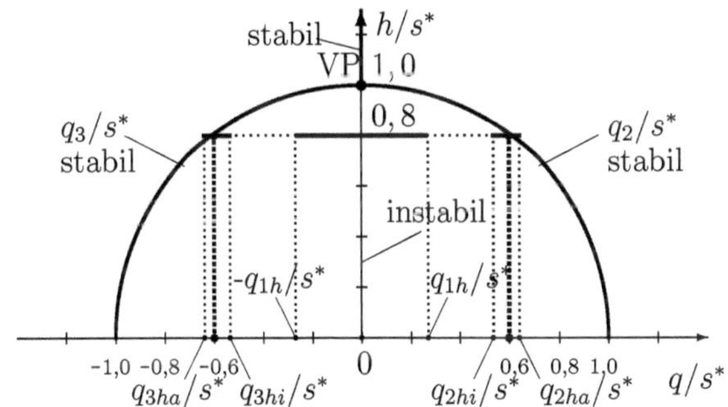

Abbildung: 1.8 Stabilitätsdiagramm mit Gleichgewichtsbereichen durch Reibung für $h/s^* = 0,8$ und $\mu_0 = 0,25$

Das *Stabilitätsdiagramm* in der Abb. 1.8 zeigt die Gleichgewichtsbereiche, die sich für den Haftreibungskoeffizienten $\mu_0 = 0,25$ um die Gleichgewichtslagen $-0,6$, 0 und $0,6$ bilden.

Die Abb. 1.9 zeigt das entsprechende Phasenporträt für den Haftreibungskoeffizienten $\mu_0 = 0,25$ sowie den Gleitreibungskoeffizienten $\mu = 0,20$ und verschiedenen Anfangsbedingungen.

Die Phasenkurven münden entweder in die Gleichgewichtsbereiche um die stabilen Gleichgewichtslagen $-0,6$ und $0,6$ oder in den Gleichgewichtsbereich um die instabile Gleichgewichtslage 0.

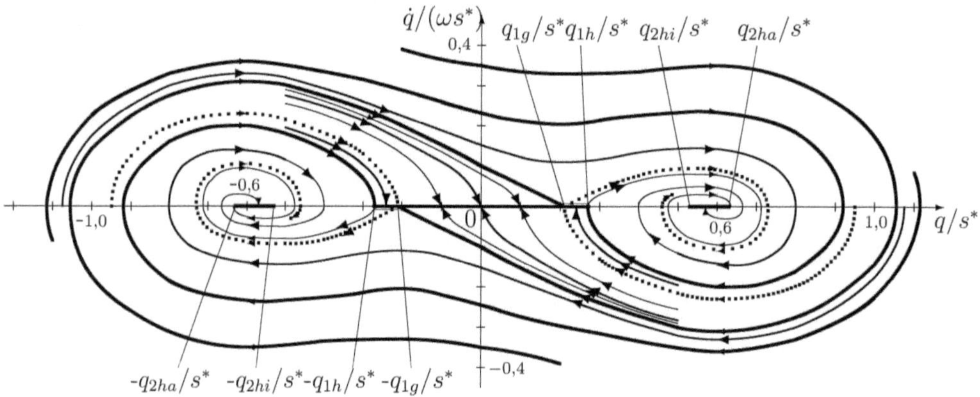

Abbildung: 1.9 Phasenporträt für das System mit Reibung für $h/s^* = 0,8$ sowie mit $\mu_0 = 0,25$ und $\mu = 0,20$

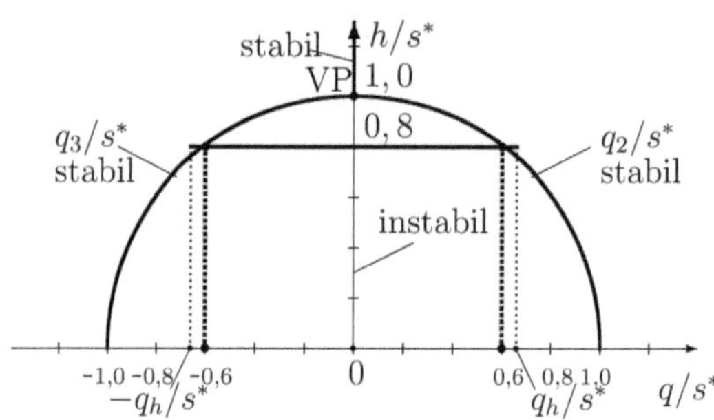

Abbildung 1.10 Stabilitätsdiagramm mit einem Gleichgewichtsbereich durch Reibung für $h/s^* = 0,8$ und $\mu_0 = 0,4$

Für größere Werte des Haftreibungskoeffizenten werden die einzelnen Gleichgewichtsbereiche auch größer und können sich überlappen, sodass sich nur ein Gleichgewichtsbereich bildet.

Das *Stabilitätsdiagramm* in der Abb. 1.10 zeigt den Gleichgewichtsbereich, der sich für den Haftreibungskoeffizienten $\mu_0 = 0,4$ um die Gleichgewichtslagen $-0,6$, 0 und $0,6$ bildet.

Die Abb. 1.11 zeigt das entsprechende *Phasenporträt* für den Haftreibungskoeffizienten $\mu_0 = 0,4$ sowie den Gleittreibungskoeffizienten $\mu = 0,33$ und verschiedenen Anfangsbedingungen.

Alle Phasenkurven münden in den Gleichgewichtsbereich, die mit Anfangsbedingungen zwischen den Phasenkurven 1 und 2 mit negativer Geschwindigkeit und die mit Anfangsbedingungen zwischen den Phasenkurven 2 und 1 mit positiver Geschwindigkeit.

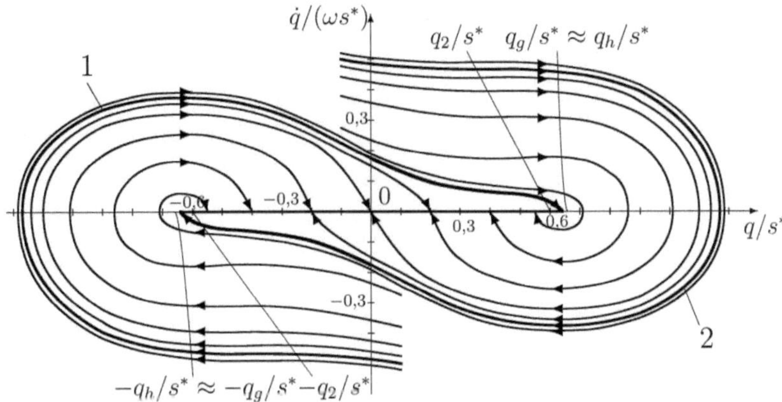

Abbildung: 1.11 Phasenporträt für das System mit Reibung
für $h/s^* = 0,8$ und mit $\mu_0 = 0,40$ und $\mu = 0,33$

In den Abschnitten 2.7, 2.8 und 2.9 wurde ein System untersucht, welches in der Abb. 1.12 dargestellt ist. Es besteht aus einem Körper in einer Drehscheibe, welche sich in einer horizontalen Ebene um die vertikale Achse durch O dreht.

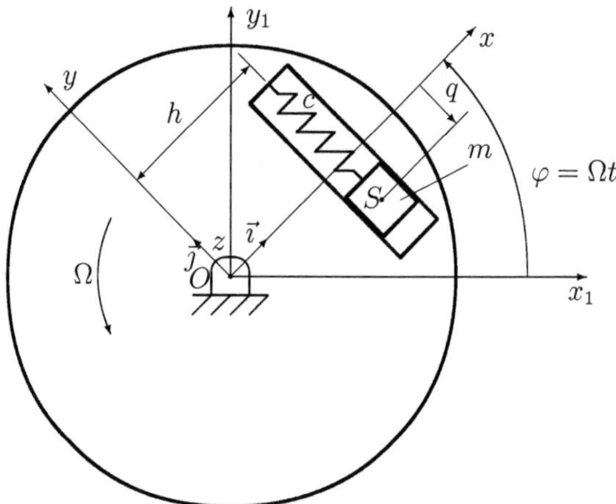

Abbildung: 1.12 Körper in einer Drehscheibe

Die Werte der *Strukturparameter c, m* und Ω entscheiden über die Stabilität der relativen Gleichgewichtslage $q = 0$, in welcher die Feder unverformt ist. Für $c = m\Omega^2$ sind alle Lagen relative Gleichgewichtslagen und es bildet sich um $q = 0$ ein *Gleichgewichtsbereich* von *indifferenten Gleichgewichtslagen*. Wenn keine Widerstandskräfte berücksichtigt werden (Abschnitt 2.7), dann verbleibt der Körper ohne Anfangsgeschwindigkeit in seiner Anfangslage.

Der Körper mit Anfangsgeschwindigkeit bewegt sich gleichförmig in Richtung dieser Anfangsgeschwindigkeit.

Die Phasenkurven sind parallele Geraden zur q-Achse, wie in der Abb. 1.13 dargestellt.

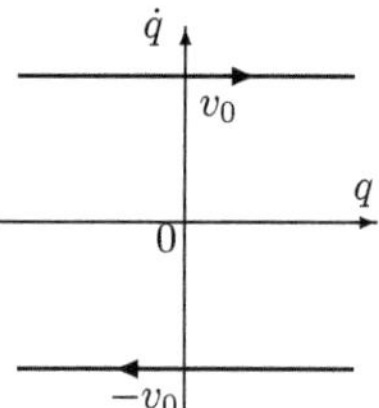

Abbildung: 1.13 Phasenkurven für $c = m\Omega^2$ ohne Widerstandskräfte

Die Abb. 1.14 zeigt für $c = m\Omega^2$ und geschwindigkeitsproportionaler Dämpfung die Phasenkurven (Abschnitt 2.8). Hier ist b der Dämpfungskoeffizient.

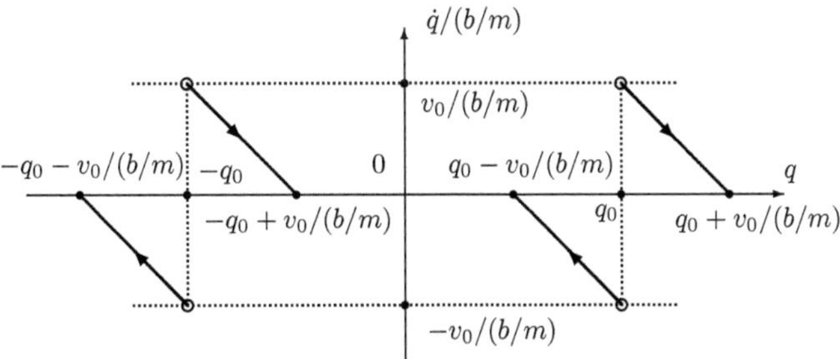

Abbildung: 1.14 Phasenkurven für $c = m\Omega^2$ und Dämpfung

Für Anfangsbedingungen mit $\dot{q}(0) = 0$ befindet sich der Körper für alle Anfangswerte $q(0) = q_0$ im relativen Gleichgewicht.

Für Anfangsbedingungen mit q_0 und $\dot{q}(0) = v_0 \neq 0$ nähert sich der Körper asymptotisch der relativen Gleichgewichtslage $q_0 + v_0/(b/m)$.

Im Abschnitt 2.9 wird gezeigt, dass bei der Berücksichtigung von Reibung zwischen dem Körper und der unteren und der seitlichen Kontaktfläche die *Gleitreibungkraft* auch von der *Relativgeschwindigkeil $\dot{q}$ abhängt*. Für gleiche Betrage der Geschwindigkeit ist die Gleitreibung für negative Geschwindigkeiten größer als für positive Geschwindigkeiten.

Die Abb. 1.15 zeigt, dass alle Punkte der q/h-Achse Gleichgewichtslagen sind und dass alle Phasenkurven in diese Gleichgewichtslagen einmünden.

Die Phasenkurven zeigen auch, dass für die Geschwindigkeiten $\dot{q}/(h\Omega) = 0,5$ und -0,5 die Wege bis zum Stillstand in die negative Richtung kürzer sind als die Wege in die positive Richtung. Die Ursache ist die größere Gleitreibungskraft bei negativer Geschwindigkeit als bei positiver Geschwindigkeit.

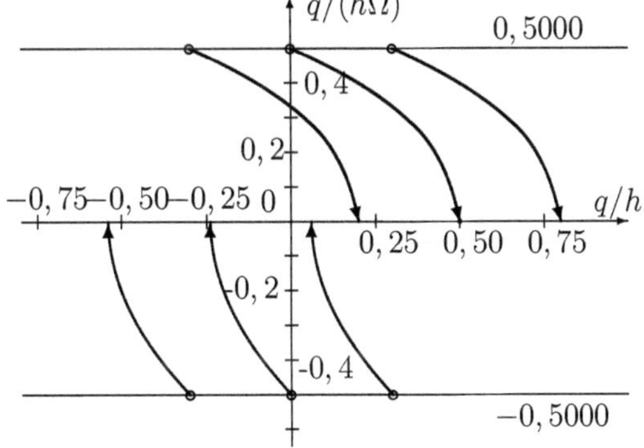

Abbildung: 1.15 Phasenkurven für $c = m\Omega^2$ mit Reibung

Für $c > m\Omega^2$ ist die *relative Gleichgewichtslage* $q/h = 0$ *stabil.*

Für das System ohne Widerstandskräfte sind die Phasenkurven Ellipsen, der singuläre Punkt $q/h = 0$, $\dot{q}/(hp_2) = 0$ ist ein *Zentrum.*

Für das System mit Dämpfung sind die Phasenkurven nach innen gewundene Spiralen und der singuläre Punkt $q/h = 0$, $\dot{q}/(hp_2) = 0$ ist ein *stabiler Fokus.* Der Körper nähert sich asymptotisch der relativen Gleichgewichtslage.

Die Abb. 1.16 zeigt für $c = 2m\Omega^2$ den Gleichgewichtsbereich $(-r_0/h, r_0/h) = (-0,4952; 0,4952)$, der sich durch Reibung um die stabile Gleichgewichtslage $q/h = 0$ bildet und in welchen alle Phasenkurven einmünden.

Die Phasenkurven wurden mit dem *Anstückelungsverfahren* berechnet und die Grenzen der Bereiche sind die Linien $\dot{q}/(hp_2) = 0,5103$ mit $p_2/\Omega = 0,9798$ und $\dot{q}/(hp_2) = 0$.

In einer Lage q mit positiver oder negativer Geschwindigkeit mit gleichen Beträgen ist die Gleitreibungkraft bei der Bewegung in die negative Richtung größer als die Gleitreibungkraft bei der Bewegung in die positive Richtung. Das hat Auswirkungen auf den Verlauf der Phasenkurven.

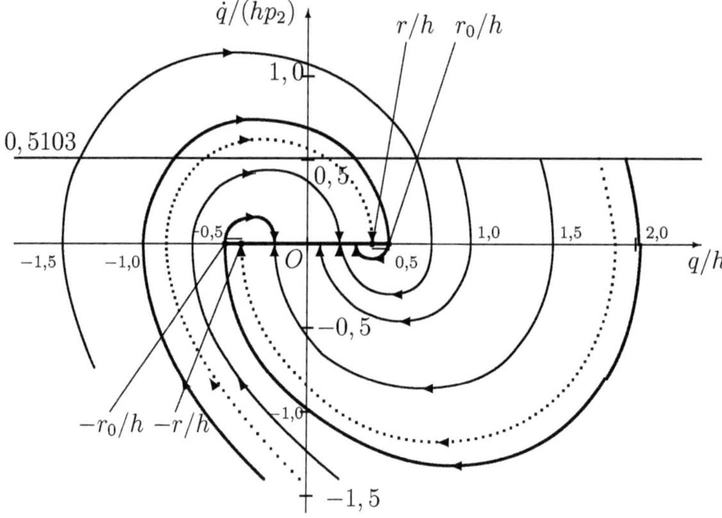

Abbildung: 1.16 Phasenporträt für $c = 2m\Omega^2$ und Reibung

Für $c < m\Omega^2$ ist die *relative Gleichgewichtslage* $q/h = 0$ *instabil.*

Die Abb. 1.17 zeigt für $c = \frac{1}{2}m\Omega^2$ den Gleichgewichtsbereich durch Reibung $(-r_0/h, r_0/h) = (-1,0; 1,0)$ um die instabile Gleichgewichtslage $q/h = 0$. In den Abschnitt $(-r/h, r/h) = (-0,8; 0,8)$ des Gleichgewichtsbereiches können Phasenkurven nur einmünden. In die Abschnitte $(-r_0/h, -r/h) = (-1,0; -0,8)$ und $(r/h, r_0/h) = (0,8; 1,0)$ können Phasenkurven einmünden aber mit kleinen Anfangsgeschwindigkeiten auch verlassen.

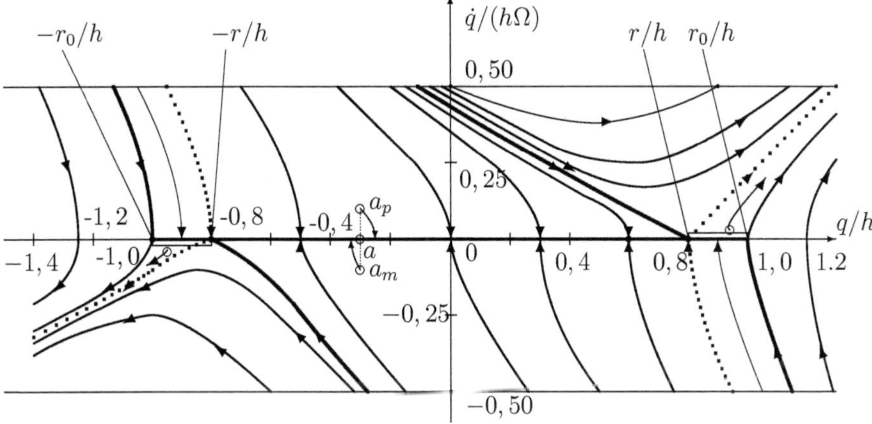

Abbildung: 1.17 Phasenkurven für $c = \frac{1}{2}m\Omega^2$ mit Reibung

In den Gleichgewichtslagen innerhalb der Gleichgewichtsbereiche verhält sich der Körper unterschiedlich auf Veränderungen der Anfangszustände durch kleine positive oder negative Anfangsgeschwindigkeiten.

Dieses besondere Verhaltens der Körper in den Gleichgewichtslagen der Abschnitte, in welchen die *Resultierende der "aktiven" Kraftkomponenten*, das sind die Komponenten in Bewegungsrichtung der Rückstellkräfte bzw. der Verstellkräfte sowie der Fliehkraft, kleiner ist als die maximalen Haftreibungskraft aber größer ist als die Gleitreibungskraft, wird in den Abbildungen 1.18 und 1.19 für $q > 0$ im Abschnitt (q_g, q_h) qualitativ und vergrößert dargestellt.

Wenn $q = q_0$ eine *stabile isolierte Gleichgewichtslage* ist, dann wird mit $q_h > q_0$ die Grenzgleichgewichtslage bezeichnet, in welcher die Resultierende der "aktiven" Kraftkomponenten gleich ist mit der maximalen Haftreibungskraft, und $q_g \in (q_0, q_h)$ ist die Lage, in welcher diese Resultierende gleich ist mit der Gleitreibungskraft.

Wenn im Abschnitt (q_0, q_g) der Körper zum Stillstand kommt, verbleibt er in dieser Lage. Das ist z. B. die Lage a in der Abb. 1.18.

Durch eine kleine postive oder negative Anfangsgeschwindigkeit, Anfangszustände a_p bzw. a_n, verschiebt sich der Körper in eine benachbarte Gleichgewichtslage in die positive bzw. negative Richtung.

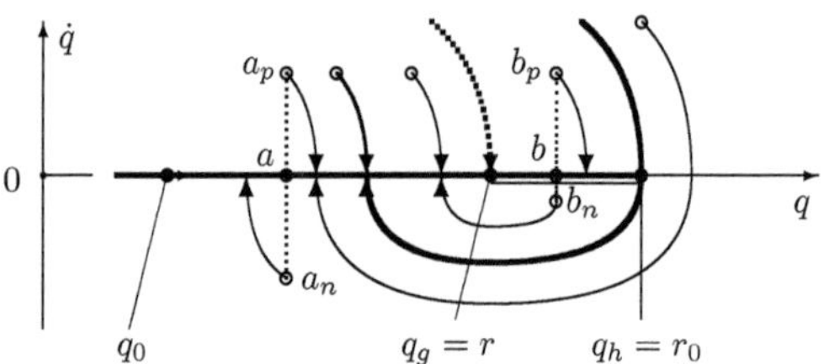

Abbildung 1.18: Phasenkurven für verschiedene Anfangsbedingungen o im Abschnitt (q_0, q_h) einer stabilen isolierten Gleichgewichtslage q_0

Im Abschnitt (q_g, q_h) ist die Resultierende der"aktiven" Kraftkomponenten kleiner als die maximale Haftreibungskraft aber größer als die Gleitreibungskraft.

Wenn innerhalb dieses Abschnittes der Körper zum Stillstand kommt, bleibt er in dieser Lage, z. B. die Lage b in der Abb. 1.18.

Durch eine kleine positive Anfangsgeschwindigkeit, wie in b_p, verschiebt sich der Körper in eine benachbarte Gleichgewichtslage in die positive Richtung.

Durch eine kleine negative Anfangsgeschwindigkeit, wie in b_n, entfernt sich der Körper von diesem Abschnitt und kommt in einer Lage links von q_g zum Stillstand.

Analoges Verhalten aber mit entgegengesetzten Vorzeichen zeigt sich im Abschnitt $q < q_0$ des Gleichgewichtsbereiches.

Wenn $q = q_0$ eine *instabile isolierte Gleichgewichtslage* ist, dann wird mit $q_h > q_0$ die Grenzgleichgewichtslage bezeichnet, in welcher die Resultierende der "aktiven" Kraftkomponenten gleich ist mit der maximalen Haftreibungskraft, und $q_g \in (q_0, q_h)$ ist die Lage, in welcher die Resultierende der "aktiven" Kraftkomponenten gleich ist mit der Gleitreibungskraft.

Wenn im Abschnitt (q_0, q_g) der Körper zum Stillstand kommt, verbleibt er in dieser Lage. Das ist z. B. die Lage a in der Abb. 1.19.

Durch eine kleine postive oder negative Anfangsgeschwindigkeit, Anfangszustände a_p bzw. a_n, verschiebt sich der Körper in eine benachbarte Gleichgewichtslage in die positive bzw. negative Richtung.

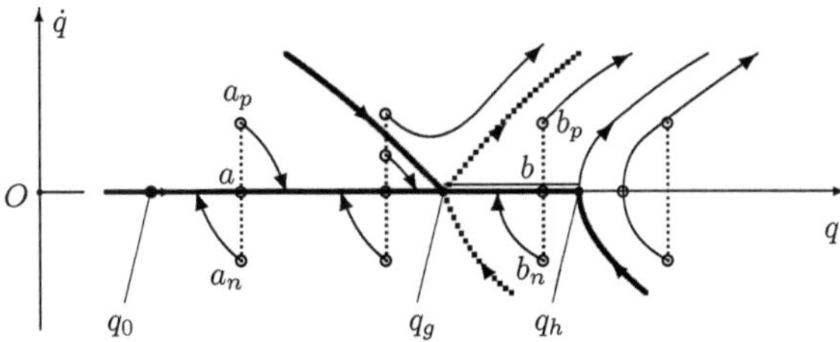

Abbildung 1.19: Phasenkurven für verschiedene Anfangsbedingungen $\circ$ im Abschnitt (q_0, q_h) einer instabilen isolierten Gleichgewichtslage q_0

Im Abschnitt (q_g, q_h) ist die Resultierende der "aktiven" Kraftkomponenten kleiner als die maximale Haftreibungskraft aber größer als die Gleitreibungskraft.

Wenn innerhalb dieses Abschnittes der Körper zum Stillstand kommt, bleibt er in dieser Lage, z. B. die Lage b in der Abb. 1.19.

Durch eine kleine negative Anfangsgeschwindigkeit, wie in b_n, verschiebt sich der Körper in eine benachbarte Gleichgewichtslage in die negative Richtung.

Durch eine kleine positive Anfangsgeschwindigkeit, wie in b_p, entfernt sich der Körper von diesem Abschnitt in die positive Richtung.

Analoges Verhalten aber mit entgegengesetzten Vorzeichen zeigt sich im Abschnitt $q < q_0$ des Gleichgewichtsbereiches.

Kapitel 2

Mechanische Systeme mit isolierten stabilen und instabilen stationären Zuständen und mit Gleichgewichtsbereichen

2.1 Lineares System mit stabiler Gleichgewichtslage

Die Abb 2.1 zeigt das Modell eines linearen Systems ohne Widerstangs-kräfte. Der Körper von der Masse m und mit dem Schwerpunkt in S kann sich in horizontaler Richtung bewegen. In der Lage $q = 0$ ist die elastische Feder mit der Federkonstanten c unverformt.

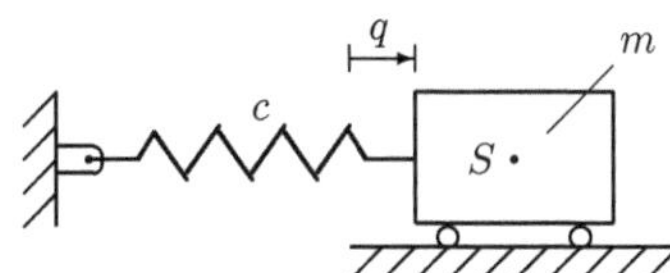

Abbildung 2.1: Modell eines Schwingungssystems mit stabiler Gleichgewichtslage

2.1.1   Bewegungsdifferentialgleichung und Bewegungsgesetz

Die Kräfte, die auf den freigeschnittenen Körper von der Masse m wirken, sind in der Abb. 2.2 eingezeichnet.

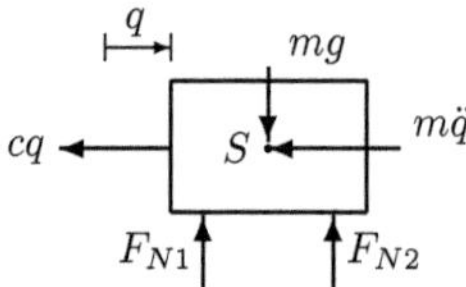

Abbildung 2.2: Kräfte, die auf den Körper wirken

Die Bewegungsdifferentialgleichung wird mit dem *Impulssatz in der D'Alembert'schen Form* als Gleichgewicht der eingeprägten Kräfte, der Reaktionskräfte und der Trägheitskräfte bestimmt.

- Die eingeprägten Kräfte sind das Gewicht mg und die Federkraft cq.
- Die Normalreaktionen F_{N1} und F_{N2} sind die Reaktionskräfte.
- Die Trägheitskraft ist $m\ddot{q}$.

Die Gleichgewichtsbedingungen dieser Kräfte sind:

$$\sum F_{iH} = -cq - m\ddot{q} = 0, \qquad \sum F_{iV} = -mg + F_{N1} + F_{N2} = 0.$$

Aus der ersten Gleichung folgt die *Bewegungsdifferentialgleichung*

$$m\ddot{q} + cq = 0, \qquad \omega = \sqrt{c/m}. \tag{2.1}$$

Mit dem Lösungsansatz $q = Ae^{\lambda t}$ erhält man die charakterische Gleichung

$$m\lambda^2 + c = 0 \quad \rightarrow \quad \lambda^2 = -\frac{c}{m} = -\omega^2 \quad \rightarrow \quad \lambda_1 = i\,\omega, \quad \lambda_2 = -i\,\omega.$$

Die allgemeine Lösung ist

$$q = A_1 e^{i\omega t} + A_2 e^{-i\omega t}.$$

Hier sind A_1 und A_2 komplexe Integrationskonstanten.

Mit der Euler'schen Formel $e^{ix} = \cos(x) + i\sin(x)$ und den reellen Integrationskonstanten C_1 und C_2 ist die allgemeine Lösung und ihre Ableitung

$$q = C_1 \cos(\omega t) + C_2 \sin(\omega t), \qquad \dot{q} = \omega[-C_1 \sin(\omega t) + C_2 \cos(\omega t)].$$

Mit den Anfangsbedingungen $q(0) = q_0$ und $\dot{q}(0) = v_0$ folgt

$$q(0) = q_0 = C_1, \quad \dot{q}(0) = v_0 = \omega C_2 \quad \rightarrow \quad C_2 = \frac{v_0}{\omega}.$$

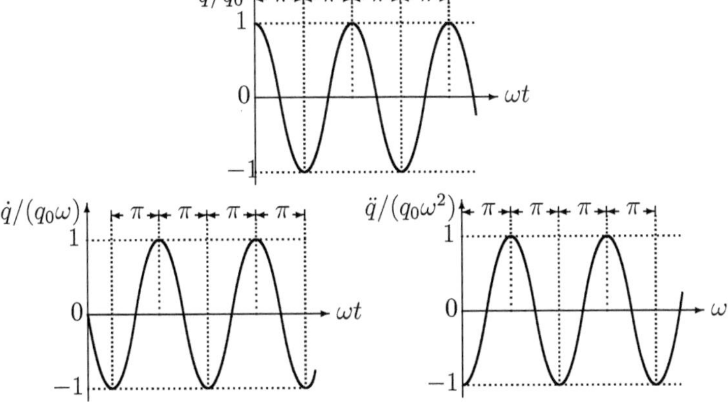

Abbildung 2.3: Bewegungs-, Geschwindigkeits- und Beschleunigungsdiagramm der Schwingung ohne Widerstanskräfte

Somit sind das *Bewegungsgesetz* sowie das Geschwindigkeits- und das Beschleunigungsgesetz

$$q = q_0 \cos(\omega t) + \frac{v_0}{\omega} \sin(\omega t), \qquad \dot{q} = \omega\left[- q_0 \sin(\omega t) + \frac{v_0}{\omega} \cos(\omega t)\right],$$

$$\ddot{q} = -\omega^2\left[q_0 \cos(\omega t) + \frac{v_0}{\omega} \sin(\omega t)\right]$$

oder

$$q = \hat{q} \cos(\omega t - \varphi_0), \quad \dot{q} = -\hat{q}\omega \sin(\omega t - \varphi_0), \quad \ddot{q} = -\hat{q}\omega^2 \cos(\omega t - \varphi_0) \quad (2.2)$$

mit

$$q_0 = \hat{q} \cos(\varphi_0), \quad v_0 = \hat{q}\omega \sin(\varphi_0)$$

$$\rightarrow \quad \hat{q} = \sqrt{q_0^2 + (v_0/\omega)^2}, \quad \tan(\varphi_0) = v_0/(q_0\omega).$$

Die Abbildung 2.3 zeigt für die Anfangsbedingungen $q_0 > 0$ und $v_0 = 0$ die Diagramme des Bewegungsgesetzes $q/q_0 = \cos(\omega t)$, des Gescheindigkeitsgesetzes $\dot{q}/(q_0\omega) = -\sin(\omega t)$ und des Beschleunigungsgesetzes $\ddot{q}/(q_0\omega^2) = -\cos(\omega t)$.

In einer Gleichgewichtslage des Systems gilt $\dot{q} = 0$ und $\ddot{q} = 0$. In die Gleichung (2.1) eingesetzt folgt die Gleichgewichtslage $q = 0$.

Das Bewegungsgestz (2.2) und das Bewegungsdiagramm in Abb. 2.3 zeigen, dass die Bewegung um die *Gleichgewichtslage* $q = 0$ verläuft, die somit *stabil* ist.

2.1.2 Bilanzgleichung und Phasenkurven

Die Multiplikation der Bewegungsdifferentialgleichung mit dq führt auf

$$m\ddot{q} \cdot dq + cq \cdot dq = 0.$$

Die Berücksichtigung von

$$m\ddot{q} \cdot dq = m\frac{d\dot{q}}{dt} \cdot dq = md\dot{q} \cdot \frac{dq}{dt} = md\dot{q} \cdot \dot{q} = d\left(\frac{1}{2}m\dot{q}^2\right)$$

und

$$cq \cdot dq = d\left(\frac{1}{2}cq^2\right)$$

ergibt

$$d\left(\frac{1}{2}m\dot{q}^2\right) + d\left(\frac{1}{2}cq^2\right) = 0.$$

Hier sind $\frac{1}{2}cq^2 = E_p$ das Potential und $\frac{1}{2}m\dot{q}^2 = E_k$ die kinetische Energie des Systems.

Durch Integration mit den Anfangsbedingungen $t = 0$, $q(0) = q_0$ und $\dot{q}(0) = v_0$ bzw. $q(0) = \hat{q}\cos(\varphi_0)$ und $\dot{q}(0) = \hat{q}\omega\sin(\varphi_0)$ folgt die *Bilanzgleichung*

$$\frac{1}{2}m\dot{q}^2 + \frac{1}{2}cq^2 = \frac{1}{2}mv_0^2 + \frac{1}{2}cq_0^2 = \frac{1}{2}c\hat{q}^2 = const.$$

Diese Bilanzgleichung ist das *Erhaltungsgesetz der mechanischen Energie* und auch die Gleichung der Phasenkurven.

In dimesionsloser Form ist die Gleichung der *Phasenkurven*

$$\left(\frac{\dot{q}}{\hat{q}\omega}\right)^2 + \left(\frac{q}{\hat{q}}\right)^2 = 1. \tag{2.3}$$

In der Phasenebene mit den Koordinaten $q/\hat{q}$ und $\dot{q}/(\hat{q}\omega)$ ist die Phasenkurve ein Kreis mit dem Radius 1.

Das auf den Wert $\frac{1}{2}c\hat{q}^2$ bezogene Potential ist

$$\frac{E_p}{\frac{1}{2}c\hat{q}^2} = \left(\frac{q}{\hat{q}}\right)^2.$$

In einer Ebene mit den Koordinatenachsen $q/\hat{q}$ und $E_p/(\frac{1}{2}c\hat{q}^2)$ ist es die Gleichung einer Parabel.

Die Abb. 2.4 zeigt das bezogene Potential und die Phasenkurve um die Gleichgewichtslage $q = 0$.

Das Potential, mit einem Minimum in $q = 0$, und die Phasenkurve zeigen, dass $q = 0$ ein *Zentrum*, also ein stabiler singulärer Punkt ist.

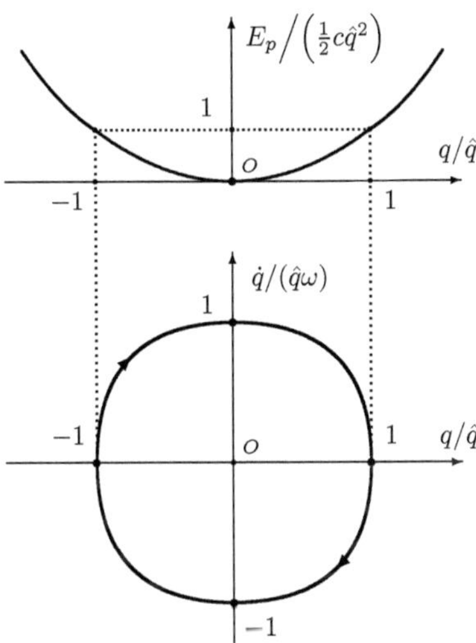

Abbildung 2.4: Potential und Phasenkurve für das System ohne Widerstandskräfte

2.2 Lineares System mit stabiler Gleichgewichtslage und Dämpfung

Die Abb. 2.5 zeigt das Modell eines Schwingungssystems mit geschwindigkeitsproportionaler (viskoser) Dämpfung (Dämpfungskonstante b). Der Körper von der Masse m und dem Schwerpunkt S kann sich in horizontaler Richtung bewegen. In der Lage $q = 0$ ist die elastische Feder mit der Federkonstanten c unverformt.

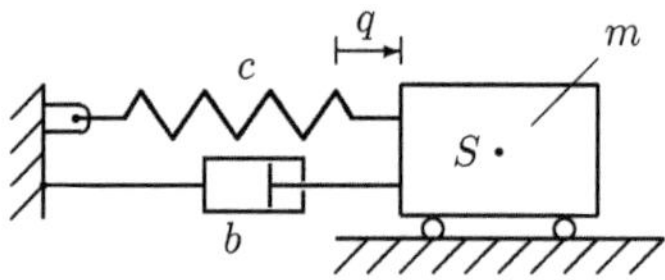

Abbildung 2.5: Modell eines Schwingungssystems mit geschwindigkeitsproportionaler Dämpfung

2.2.1 Bewegungsdifferentialgleichung, Bewegungsgesetz und Phasenkurve

Die Bewegungsdifferentialgleichung wird mit dem *Impulssatz in der D'Alembert'schen Form* als Gleichgewicht der eingeprägten Kräfte, der Reaktionskräfte und der Trägheitskräfte bestimmt.

Die Abb. 2.6 zeigt die Kräfte, die auf den Körper wirken.

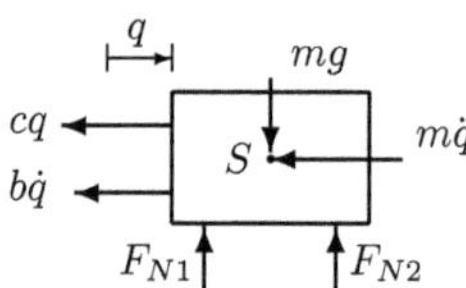

Abbildung 2.6: Kräfte, die auf den Körper wirken

• Die eingeprägten Kräfte sind das Gewicht mg, die Federkraft cq und die Dämpfungskraft $b\dot{q}$.
• Die Normalreaktionen F_{N1} und F_{N2} sind die Reaktionskräfte.
• Die Trägheitskraft ist $m\ddot{q}$.
Die Gleichgewichtsbedingungen dieser Kräfte sind:

$$\sum F_{iH} = -cq - b\dot{q} - m\ddot{q} = 0, \qquad \sum F_{iV} = -mg + F_{N1} + F_{N2} = 0.$$

Aus der ersten Gleichung folgt die *Bewegungsdifferentialgleichung*

$$m\ddot{q} + b\dot{q} + cq = 0. \tag{2.4}$$

In einer Gleichgewichtslage gilt $\dot{q} = 0$ und $\ddot{q} = 0$.
In die Gleichung (2.4) eingesetzt erhält man die *Gleichgewichtslage* $q = 0$.
Mit den Lösungsansatz $q = Ce^{\lambda t}$ erhält man die charakteristische Gleichung

$$\lambda^2 + \frac{b}{m}\lambda + \frac{c}{m} = 0,$$

und ihre Wurzeln sind

$$\lambda_{1,2} = -\frac{b}{2m} \mp \sqrt{\left(\frac{b}{2m}\right)^2 - \frac{c}{m}} = -\frac{b}{2m} \mp i\sqrt{\frac{c}{m} - \left(\frac{b}{2m}\right)^2}.$$

Mit der Annahme einer geringen Dämpfung, $b \in (0, 2\sqrt{mc})$, und mit den Bezeichnungen $\omega = \sqrt{c/m}$ und $p = \sqrt{\frac{c}{m} - \left(\frac{b}{2m}\right)^2} = \omega\sqrt{1 - \frac{b^2}{4mc}}$ folgt

$$\lambda_1 = -\frac{b}{2m} - ip, \qquad \lambda_2 = -\frac{b}{2m} + ip.$$

Mit den Integrationskonstanten C_1 und C_2 ist die Lösung

$$q = e^{-bt/(2m)}[C_1\cos(pt) + C_2\sin(pt)],$$

$$\dot{q} = -\frac{b}{2m}q + pe^{-bt/(2m)}[-C_1\sin(pt) + C_2\cos(pt)].$$

Mit den Integrationskonstanten $\hat{q}$ und α ist das *Bewegungsgesetz*

$$q = \hat{q}e^{-bt/(2m)}\cos(pt - \alpha) \tag{2.5}$$

und das Geschwindigkeitsgesetz

$$\dot{q} = -\frac{b}{2m}q - p\hat{q}e^{-bt/(2m)}\sin(pt - \alpha). \tag{2.6}$$

Die reellen Integrationskonstanten C_1 und C_2 bzw. $\hat{q}$ und α werden mit den Anfangsbedingungen $t = 0$, $q(0) = q_0$ und $\dot{q}(0) = v_0$ bestimmt.
In das Bewegungs- und in das Geschwindigkeitsgesetz eingesetzt erhält man

$$q_0 = C_1 = \hat{q}\cos(-\alpha), \qquad v_0 = -\frac{b}{2m}q_0 + pC_2 = -\frac{b}{2m}q_0 - p\hat{q}\sin(-\alpha).$$

Daraus folgt

$$C_1 = q_0, \qquad C_2 = \frac{1}{p}\left(v_0 + \frac{b}{2m}q_0\right)$$

sowie

$$\hat{q}\cos(\alpha) = q_0, \quad \hat{q}\sin(\alpha) = \frac{1}{p}\left(v_0 + \frac{b}{2m}q_0\right)$$

$$\rightarrow \quad \tan(\alpha) = \frac{1}{p}\left(\frac{v_0}{q_0} + \frac{b}{2m}\right), \qquad \hat{q} = \frac{q_0}{\cos(\alpha)}.$$

Das Geschwindigkeitsgesetz (2.6) kann auch wie folgt geschrieben werden

$$\dot{q} = -\hat{q}e^{-bt/(2m)}\left[\frac{b}{2m}\cos(pt - \alpha) + p\sin(pt - \alpha)\right].$$

Mit

$$\tan(\beta) = \frac{b/(2m)}{p} = \frac{1}{\sqrt{4mc/b^2 - 1}}$$

und

$$1 + \tan^2(\beta) = 1 + \left[\frac{b/(2m)}{p}\right]^2 = \frac{1}{p^2}\left[p^2 + \left(\frac{b}{2m}\right)^2\right]$$

$$= \frac{1}{p^2}\left[\frac{c}{m} - \left(\frac{b}{2m}\right)^2 + \left(\frac{b}{2m}\right)^2\right] = \left(\frac{\omega}{p}\right)^2$$

folgt

$$\sin(\beta) = \frac{\tan(\beta)}{\sqrt{1 + \tan^2(\beta)}} = \frac{b}{2m}\cdot\frac{1}{\omega}, \qquad \cos(\beta) = \frac{1}{\sqrt{1 + \tan^2(\beta)}} = \frac{p}{\omega}.$$

Werden $b/2m = \omega\sin(\beta)$ und $p = \omega\cos(\beta)$ in das Geschwindigkeitsgesetz eingesetzt, dann erhält man

$$\dot{q} = -\hat{q}\omega e^{-bt/(2m)}\left[\sin(\beta)\cos(pt - \alpha) + \cos(\beta)\sin(pt - \alpha))\right].$$

Das Geschwindigkeitsgesetz ist somit

$$\dot{q} = -\hat{q}\omega e^{-bt/(2m)}\sin(pt - \alpha + \beta). \qquad (2.7)$$

Das Beschleunigungsgesetz erhält man durch Ableitung nach der Zeit des Geschwindigkeitsgesetzes und ist

$$\ddot{q} = -\hat{q}\omega\left[-\frac{b}{2m}e^{-bt/(2m)}\sin(pt - \alpha + \beta) + pe^{-bt/(2m)}\cos(pt - \alpha + \beta)\right],$$

$$= -\hat{q}\omega e^{-bt/(2m)}\left[-\frac{b}{2m}\sin(pt - \alpha + \beta) + p\cos(pt - \alpha + \beta)\right].$$

Werden $b/2m = \omega\sin(\beta)$ und $p = \omega\cos(\beta)$ in das Beschleunigungsgesetz eingesetzt, dann erhält man

$$\ddot{q} = -\hat{q}\omega^2 e^{-bt/(2m)}\left[-\sin(\beta)\sin(pt - \alpha + \beta) + \cos(\beta)\cos(pt - \alpha + \beta)\right].$$

Das Beschleunigungsgesetz ist somit

$$\ddot{q} = -\hat{q}\omega^2 e^{-bt/(2m)}\cos(pt - \alpha + 2\beta). \tag{2.8}$$

Für den Sonderfall der Anfangsbedingungen $q(0) = q_0 \neq 0$ und $\dot{q}(0) = v_0 = 0$ gilt für die Phasenwinkel $\alpha = \beta$ und die Gesetze dieser Bewegung sind

$$q = \hat{q}e^{-bt/(2m)}\cos(pt - \beta), \qquad \dot{q} = -\hat{q}\omega e^{-bt/(2m)}\sin(pt),$$

$$\ddot{q} = -\hat{q}\omega^2 e^{-bt/(2m)}\cos(pt + \beta).$$

Die *gedämpfte Schwingung* ist *nicht periodisch*, da sie sich nach Ablauf eines bestimmten Zeitintervalls nicht identisch wiederholt. Trotzdem gibt es einige Eigenschaften dieser Bewegung, die sich periodisch mit der *Pseudoperiode* $T_1 = 2\pi/p$ wiederholen.

Dazu gehören die Zeitpunkte t_k der *Nulldurchgänge*, wenn in Gleichung (2.5) $q = 0$ gilt. Diese Zeitpunkte folgen aus $\cos(pt_k - \alpha) = 0$, wenn also $pt_k - \alpha = \pi/2 + (k-1)\pi$ mit $k = 1, 2, \ldots$ gilt. Die Zeitintervalle zwischen zwei aufeinanderfolgenden Nulldurchgängen sind $t_{k+1} - t_k = \frac{\pi}{p} = \frac{1}{2}T_1$.

Auch die *Umkehrpunkte* der Bewegung wiederholen sich nach Zeitintervallen, die gleich sind mit $\frac{1}{2}T_1$. Das folgt, wenn in Gleichung (2.6) $\dot{q} = 0$ gilt, also aus $\sin(pt_i - \alpha + \beta) = 0$ und ergibt $pt_i - \alpha + \beta = (i-1)\pi$. Daraus erhält man $t_{i+1} - t_i = \frac{\pi}{p} = \frac{1}{2}T_1$.

Folglich ist der zeitliche Abstand zwischen zwei *aufeinanderfolgenden Maxima* oder zwei *aufeinanderfolgenden Minima* gleich mit T_1

Wenn $q(t_i)$ und $q(t_{i+2})$ zwei aufeinanderfolgende Maxima oder Minima darstellen, dann folgt aus dem Bewegungsgesetz (2.5) $q(t_i)/q(t_{i+2}) = e^{bT_1/(2m)}$. Sie bilden eine geometrische Folge mit dem Quotienten $e^{-bT_1/(2m)}$. Durch logarithmieren und mit der Bezeichnung $\delta = bT_1/(2m)$ ergibt sich

$$\delta = \frac{b}{2m}T_1 = \ln\left[\frac{q(t_i)}{q(t_{i+2})}\right].$$

Dieser Ausdruck heißt *logarithmisches Dekrement*.

Für die Anfangsbedingungen $\dot{q}(0) = v_0 = 0$, d. h. $\alpha = \beta$, und $q(0) = \hat{q}\cos(\beta) > 0$ sowie für den Dämpfungskoeffizienten $b = 0,3473\sqrt{mc}$, d. h. $\beta = 10^0$, zeigt die Abbildung 2.7 die Diagramme des Bewegungsgesetzes $q/\hat{q}$, des Geschwindigkeitsgesetzes $\dot{q}/(\hat{q}\omega)$ und des Beschleunigungsgesetzes $\ddot{q}/(\hat{q}\omega^2)$ als Funktionen von pt.

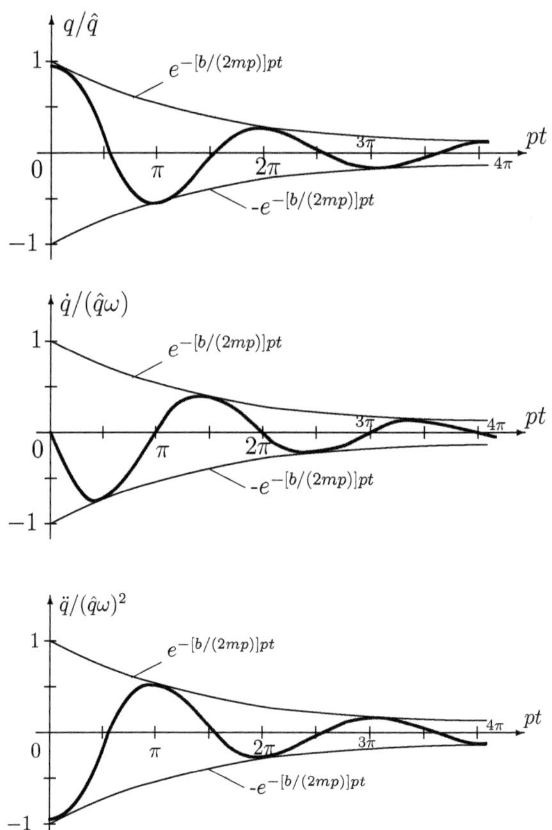

Abbildung 2.7: Bewegungs-, Geschwindigkeits- und Beschleunigungsdiagramm der gedämpften Schwingung

Wegen dem Faktor $e^{-bt/(2m)}$ folgt $|q| \searrow 0$, $|\dot{q}| \searrow 0$ und $|\ddot{q}| \searrow 0$.

Die Abb. 2.8 zeigt in der Phasenebene mit den dimensionslosen Koordinatenachsen $q/\hat{q}$ und $\dot{q}/(\hat{q}\omega)$ die Phasenkurve für die Anfangsbedingungen $\dot{q}(0) = v_0 = 0$, d. h. $\alpha = \beta$, und $q(0) = \hat{q}\cos(\beta) > 0$ sowie für den Dämpfungskoeffizienten $b = 0,3473\sqrt{mc}$, d. h. $\beta = 10^0$.

Diese wurde mit den Gleichungen (2.5) und (2.7) berechnet.

Die *Phasenkurve* ist eine nach innen gewundene Spirale um den singulären Punkt $q = 0$, $\dot{q} = 0$.

Das System nähert sich oszillatorisch der Gleichgewichtslage $q = 0$, $\dot{q} = 0$.

Solch ein singulärer Punkt wird *stabiler Fokus* genannt und der entsprechende stationäre Zustand, das ist die Gleichgewichtslage $q = 0$, $\dot{q} = 0$, ist asymptotisch stabil.

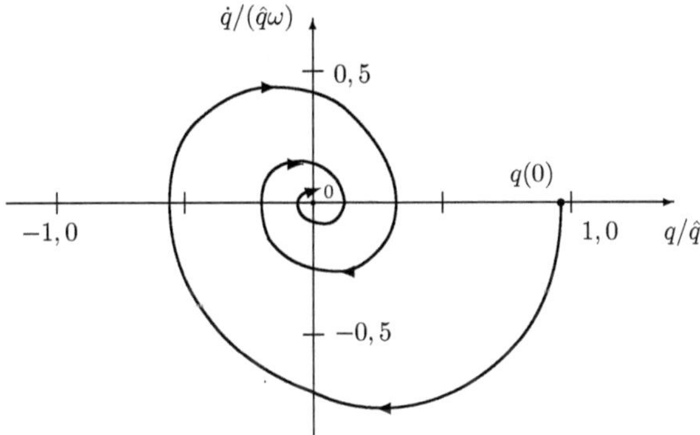

Abbildung 2.8: Phasenkurve der gedämpften Schwingung (Stabiler Fokus)

2.2.2 Bilanzgleichung

Die Multiplikation der Bewegungsdifferentialgleichung (2.4) mit dq führt auf

$$m\ddot{q} \cdot dq + cq \cdot dq = -b\dot{q} \cdot dq.$$

Die Berücksichtigung von

$$m\ddot{q} \cdot dq = m\frac{d\dot{q}}{dt} \cdot dq = md\dot{q} \cdot \frac{dq}{dt} = md\dot{q} \cdot \dot{q} = d\left(\frac{1}{2}m\dot{q}^2\right)$$

und

$$cq \cdot dq = d\left(\frac{1}{2}cq^2\right) \quad \text{sowie} \quad b\dot{q} \cdot dq = b\dot{q} \cdot \frac{dq}{dt} \cdot dt = b\dot{q}^2 dt$$

ergibt

$$d\left(\frac{1}{2}m\dot{q}^2\right) + d\left(\frac{1}{2}cq^2\right) = -b\dot{q}^2 dt.$$

Hier ist $\frac{1}{2}cq^2 = E_p$ das Potential, $\frac{1}{2}m\dot{q}^2 = E_k$ ist die kinetische Energie des Systems und $dA = -b\dot{q} \cdot dq = -b\dot{q}^2 dt$ ist die infinitesimale Arbeit der Dämpfungskraft $-b\dot{q}$.

Durch Integration mit den Anfangsbedingungen $t = 0$, $q(0) = q_0$ und $\dot{q}(0) = v_0$ bzw. $q_0 = \hat{q}\cos(\alpha)$ sowie $v_0 = \hat{q}\omega\sin(\alpha - \beta)$ folgt die *Bilanzgleichung*

$$\frac{1}{2}m\dot{q}^2 + \frac{1}{2}cq^2 - \left(\frac{1}{2}mv_0^2 + \frac{1}{2}cq_0^2\right) = A$$

oder

$$\frac{1}{2}m\dot{q}^2 + \frac{1}{2}cq^2 - \frac{1}{2}c\hat{q}^2[\sin^2(\alpha - \beta) + \cos^2(\alpha)] = A$$

mit der *Arbeit der Dämpfungskraft*

$$A = -\int_0^t b\dot{q}^2 dt = -b\hat{q}^2 \cdot \frac{c}{m}\int_0^t e^{-bt/m}\sin^2(pt - \alpha + \beta)\cdot dt.$$

Das ist der Arbeitssatz für das lineare Schwingungssystem mit geschwindigkeitsproportionaler Dämpfung.

Die Bilanzgleichung mit den Integrationskonstanten $\hat{q}$ und α wird durch $c\hat{q}^2$ geteilt und man erhält

$$\frac{1}{2}\left(\frac{\dot{q}}{\hat{q}\omega}\right)^2 + \frac{1}{2}\left(\frac{q}{\hat{q}}\right)^2 - \frac{1}{2}[\sin^2(\alpha - \beta) + \cos^2(\alpha)] = -\frac{1}{c\hat{q}^2}A$$

Mit den Bezeichnungen

$$x = pt - \alpha + \beta, \quad dx = p \cdot dt, \quad pt = x + \alpha - \beta,$$

$$a = -\frac{b}{mp} = -2\tan(\beta), \quad e^{-bt/m} = e^{-[b/(mp)]\cdot pt} = e^{a(\alpha - \beta)}\cdot e^{ax}$$

erhält man

$$A = c\hat{q}^2 \cdot a \cdot e^{a(\alpha - \beta)}\int_0^x e^{ax}\sin^2(x)\cdot dx.$$

Das Integral in dieser Gleichung ist

$$I = \int_0^x e^{ax}\sin^2(x)\cdot dx = \frac{e^{ax}}{a^2 + 4}\left[a\cdot\sin^2(x) - \sin(2x) + \frac{2}{a}\right] - \frac{1}{a^2 + 4}\cdot\frac{2}{a}.$$

Somit gilt die *Bilanzgleichung*

$$\frac{1}{2}\Big[\frac{\dot{q}(t)}{\hat{q}\omega}\Big]^2 + \frac{1}{2}\Big[\frac{q(t)}{\hat{q}}\Big]^2 - \frac{1}{2}[\sin^2(\alpha - \beta) + \cos^2(\alpha)]$$

$$-a \cdot e^{a(\alpha-\beta)}\Big\{\frac{e^{ax}}{a^2+4}\Big[a \cdot \sin^2(x) - \sin(2x) + \frac{2}{a}\Big] - \frac{1}{a^2+4} \cdot \frac{2}{a}\Big\} = 0. \qquad (2.9)$$

Hier sind:

$$x = pt - \alpha + \beta, \quad \omega = \sqrt{\frac{c}{m}}, \quad p = \omega\sqrt{1 - \frac{b^2}{4mc}}, \quad \tan(\alpha) = \frac{1}{p}\Big(\frac{v_0}{q_0} + \frac{b}{2m}\Big),$$

$$\tan(\beta) = \frac{b}{2mp}, \qquad a = -\frac{b}{mp} = -2\tan(\beta), \qquad \hat{q} = \frac{q_0}{cos(\alpha)}.$$

Mit dieser Bilanzgleichung können die Werte von $q(t)$ und $\dot{q}(t)$, mit welchen die Phasenkurve bestimmt wird, überprüft werden.

Für die Anfangsbedingungen $\dot{q}(0) = v_0 = 0$, d. h. $\alpha = \beta$, und $q(0) = \hat{q}\cos(\beta) > 0$ sowie für den Dämpfungskoeffizienten $b = 0,3473\sqrt{mc}$, d. h. $\beta = 10^0$, wird zum Zeitpunkt $pt = 70^0 \to 1,2217$ rad die Bilanzgleichung (2.9) überprüft.

Zu diesem Zeitpunkt gilt mit $\alpha = \beta = 10^0$, $a = -0,3527$, $1/(a^2 + 4) = 0,2425$, $x = pt = 70^0 \to 1,2217$ rad, $e^{ax} = 0,6499$, $q(t)/\hat{q} = 0,4031$ und $\dot{q}(t)/(\hat{q}\omega) = -0,7576$.

Die Glieder der Bilanzgleichung (2.9) sind $0,2870 + 0,0812 - 0,4849 + 0,1168 = 0$.

Weil die *Abweichung der Bilanzgleichung* gleich ist mit null, wurden die Werte richtig berechnet.

2.3 Lineares System mit stabiler Gleichgewichtslage und Reibung

In realen Systemen sind in den Führungen oder in anderen Bindungen sowohl im Ruhezustand als auch während der Bewegung Reibungskräfte wirksam. Als einfaches Modell wird hier ein Körper auf einer rauhen horizontalen Ebenen wie in der Abb. 2.9 betrachtet, für welches die *maximale Haftreibung* und die *Gleitreibung* als *konstante Kräfte* angenommen werden.
Die Haftreibung wirkt der Verlagerungstendenz entgegengesetzt.
Die Gleitreibung wirkt der Geschwindigkeitsrichtung entgegengesetzt.
Der Haftreibungskoeffizient ist μ_0 und der Gleitreibungskoeffizient ist $\mu < \mu_0$.
In der Lage mit $q = 0$ ist die Feder mit der Federkonstanten c unverformt.

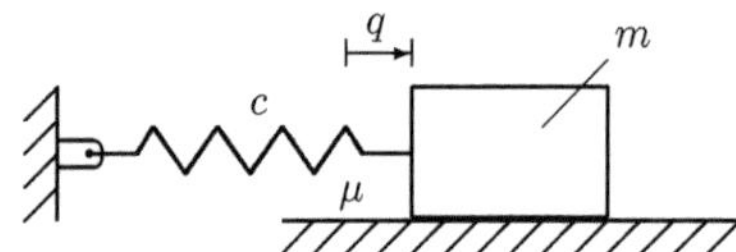

Abbildung 2.9: Modell eines Schwingungssystems mit Reibung

2.3.1 Bewegungsdifferentialgleichung und Gleichgewichtsbereich

Die Bewegungsdifferentialgleichung wird mit dem *Impulssatz in der D'Alembert'schen Form* als Gleichgewichtsbedingung der eingeprägten Kräfte, der Reaktionskräfte und der Trägheitskräfte bestimmt.
Die Abb. 2.10 zeigt diese Kräfte, welche auf den freigeschnittenen Körper wirken, wenn $\dot{q} > 0$ angenommen wird.

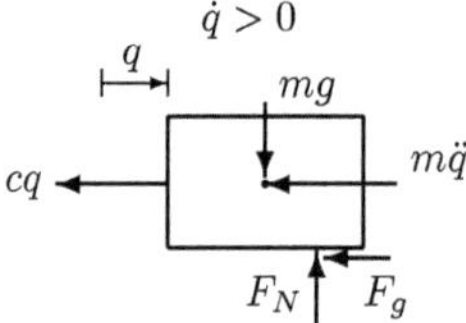

Abbildung 2.10: Kräfte, die auf den Körper mit $\dot{q} > 0$ wirken

• Eingeprägte Kräfte sind das Gewicht mg, die Federkraft $F_e = cq$ sowie die Gleitreibungskraft F_g.

- Die Reaktionskraft ist die Normalreaktion F_N.
- Die Trägheitskraft ist $m\ddot{q}$.

Aus dem *Reibungsgesetz* folgt für die *Gleitreibungskraft* $F_g = \mu|F_N|$, welche entgegen die Geschwindigkeitsrichtung wirkt.

Wenn die Geschwindigkeit gleich ist mit null, dann wirkt anstelle der Gleitreibungskraft F_g die Haftreibungskraft F_h, welche eine Reaktionskraft ist, die einen maximalen Betrag nicht überschreiten kann.

Der *maximale* Betrag der *Haftreibungskraft* ist $F_{h\,max} = \mu_0|F_N|$

Die Gleichgewichtsbedingung in horizontaler Richtung der Kräfte in Abb. 2.10 ergibt die *Bewegungsdifferentialgleichung*

$$m\ddot{q} + cq + F_g\mathrm{sign}(\dot{q}) = 0$$

und aus der Gleichgewichtsbedingung in vertikaler Richtung folgt $F_N = mg$. Somit gilt

$$m\ddot{q} + cq = -\mu mg\,\mathrm{sign}(\dot{q}). \tag{2.10}$$

In einer Gleichgewichtslage gilt $\dot{q} = 0$ und $\ddot{q} = 0$.

Für das System ohne Reibung folgt aus der Gleichung (2.10), dass $q = 0$ eine Gleichgewichtslage ist.

Wenn Reibung berücksichtigt wird, dann wirken außer der Federkraft cq auch die Gleitreibungskraft F_g und die Haftreibungskraft mit dem maximalen Wert $F_{h\,max}$.

Die Abb. 2.11 zeigt diese Kräfte und den Bereich $(-r_0, r_0)$, in welchem die Federkraft kleiner ist als die maximale Haftreibungskraft und den Bereich $(-r, r)$, in welchem die Federkraft kleiner ist als die Gleitreibungskraft.

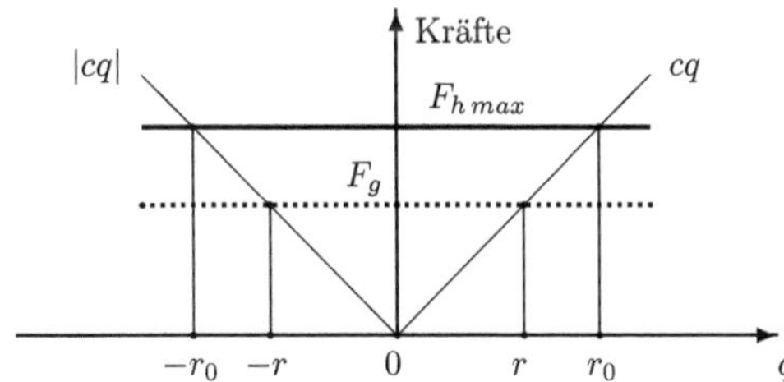

Abbildung 2.11: Kräfte und Gleichgewichtsbereich

Für die Zustände mit $\dot{q} = 0$ bildet sich um die Gleichgewichtslage $q = 0$ der Gleichgewichtsbereich $(-r_0, r_0)$.

2.3.2 Bilanzgleichung

Die Bewegungsdifferentialgleichung wird mit dq multipliziert und die folgenden Zusammenhänge werden berücksichtigt:

$$\ddot{q} \cdot dq = \frac{d\dot{q}}{dt} \cdot dq = d\dot{q} \cdot \frac{dq}{dt} = d\dot{q} \cdot \dot{q} = d\left(\frac{1}{2}\dot{q}^2\right), \qquad q \cdot dq = d\left(\frac{1}{2}q^2\right).$$

Man erhält

$$d\left(\frac{1}{2}m\dot{q}^2\right) + d\left(\frac{1}{2}cq^2\right) = -\mu mg \, \text{sign}(\dot{q}) \cdot dq.$$

Hier ist $-\mu mg \, \text{sign}(\dot{q}) \cdot dq$ die infinitesimale *Arbeit der Gleitreibungskraft*. Das ist die Differentialform der Bilanzgleichung.

Die Integralform der *Bilanzgleichung* erhält man durch Integration. Mit den Anfangsbedingungen $t = 0$, $q(0) = q_0$ und $\dot{q}(0) = v_0$ erhält man

$$\frac{1}{2}m\dot{q}^2 + \frac{1}{2}cq^2 - \left[\frac{1}{2}mv_0^2 + \frac{1}{2}cq_0^2\right] = -\mu mg \cdot (q - q_0) \cdot \text{sign}(\dot{q}). \qquad (2.11)$$

Wegen der unstetigen Funktion $\text{sign}(\dot{q})$, die in den Lagen mit $\dot{q} = 0$ das Vorzeichen wechselt, werden die Berechnungen je Halbschwingung mit jeweils neuen Anfangslagen und $\dot{q}(0) = v_0 = 0$ durchgeführt.

Für eine Halbschwingung mit den Anfangsbedingungen $q(0) = q_0 > 0$ und $\dot{q}(0) = 0$ verläuft diese mit negativer Geschwindigkeit und die Bilanzgleichung ist

$$\frac{1}{2}m\dot{q}^2 + \frac{1}{2}cq^2 - \frac{1}{2}cq_0^2 = \mu mg \cdot (q - q_0).$$

Für eine Halbschwingung mit den Anfangsbedingungen $q_0 < 0$ und $\dot{q}(0) = 0$ verläuft diese mit positiver Geschwindigkeit und die Bilanzgleichung ist

$$\frac{1}{2}m\dot{q}^2 + \frac{1}{2}cq^2 - \frac{1}{2}cq_0^2 = -\mu mg \cdot (q - q_0).$$

Mit den Bezeichnungen $p = \sqrt{c/m}$ und $r = \mu mg/c$ werden diese *Bilanzgleichungen* wie folgt geschrieben:

$$\text{negative Halbschwingung} \qquad \frac{1}{2}\left(\frac{\dot{q}}{p}\right)^2 + \frac{1}{2}q^2 - \frac{1}{2}q_0^2 - r \cdot (q - q_0) = 0$$

und

$$\text{positive Halbschwingung} \qquad \frac{1}{2}\left(\frac{\dot{q}}{p}\right)^2 + \frac{1}{2}q^2 - \frac{1}{2}q_0^2 + r \cdot (q - q_0) = 0.$$

2.3.3 Bewegungs-, Geschwindigkeits- und Beschleunigungsgesetz

Wenn Reibung berücksichtigt wird, dann bildet sich um die Lage $q = 0$ ein *Gleichgewichtsbereich*, in welchem die Federkraft kleiner oder gleich ist mit der maximalen Haftreibungskraft $F_h = \mu_0 F_N = \mu_0 mg$. Die Grenzlagen des Gleichgewichtsbereiches, das sind $q = r_0$ bzw. $q = -r_0$, ergeben sich aus der Bedingung

$$cr_0 = \mu_0 mg \qquad \rightarrow \qquad r_0 = \frac{\mu_0 mg}{c}.$$

Es werden die folgenden Anfangsbedingungen angenommen

$$\tau = t = 0, \quad q(0) = q_0 > r_0, \quad \dot{q}(0) = 0. \tag{2.12}$$

In der *ersten Halbschwingung* mit $\tau = t$ verläuft die Bewegung in die negative Richtung ($\dot{q} < 0$) und die Gleitreibungskraft $F_g = \mu mg$ wirkt in die positive Richtung (Abb. 2.12).

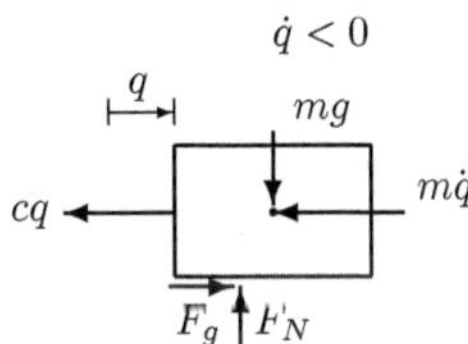

Abbildung 2.12: Kräfte, die auf den Körper mit $\dot{q} < 0$ wirken

Die *Bewegungsdifferentialgleichung für diese erste Halbschwingung* ist

$$m\ddot{q} + cq - \mu mg = 0. \tag{2.13}$$

Mit den Bezeichnungen $p = \sqrt{c/m}$, $r = \mu mg/c$ und $r_0 = \mu_0 mg/c > r$ ist die allgemeine Lösung

$$q = C_1 \cos(pt) + C_2 \sin(pt) + r, \qquad \dot{q} = p[-C_1 \sin(pt) + C_2 \cos(pt)]. \tag{2.14}$$

Mit den Anfangsbedingungen (2.12) folgen $q_0 = C_1 + r$ und $0 = C_2$.
Das *Bewegungsgesetz* und seine erste und zweite Ableitungen für die erste Halbschwingung sind somit

$$q = (q_0 - r)\cos(pt) + r, \dot{q} = -p(q_0 - r)\sin(pt), \ddot{q} = -p^2(q_0 - r)\cos(pt) \tag{2.15}$$

Im ersten Umkehrpunkt ist $\dot{q} = 0$. Das geschieht zum Zeitpunkt $\tau = t_1 = \frac{\pi}{p} = \frac{1}{2}T$. Hier ist $T = 2\pi/p$ die Periode der freien Schwingungen des Systems ohne Reibung.

Die Abszisse des Umkehrpunktes zum Zeitpunkt $pt_1 = \pi$ ist

$$q(t_1) = (q_0 - r)\cos(pt_1) + r = -(q_0 - r) + r = -(q_0 - 2r).$$

Die Beschleunigung im Umkehrpunkt zum Zeitpunkt $pt_1 = \pi$ ist

$$\ddot{q}(t_1) = -p^2(q_0 - r)\cos(pt_1) = p^2(q_0 - r).$$

Wenn sich dieser Umkehrpunkt nicht im Gleichgewichtsbereich $(-r_0,\, r_0)$ befindet, d. h. $|q(t_1)| > r_0$, dann geht die Bewegung weiter.

Die folgende *zweite Halbschwingung* verläuft in die positive Richtung und die Gleitreibungskraft F_g wirkt in die negative Richtung (Abb. 2.10).

Für die zweite Halbschwingung wird die Zeitskala $\tau = t_1 + t = \frac{1}{2}T + t$ verwendet.

Die Anfangsbedingungen für diese Halbschwingung sind

$$t = 0, \quad q_0 = -(q_0 - 2r), \quad \dot{q}(0) = 0. \tag{2.16}$$

Die *Bewegungsdifferentialgleichung für diese zweite Halbschwingung* ist

$$m\ddot{q} + cq + \mu mg = 0. \tag{2.17}$$

Die allgemeine Lösung ist

$$q = C_3\cos(pt) + C_4\sin(pt) - r, \qquad \dot{q} = p[-C_3\sin(pt) + C_4\cos(pt)]. \tag{2.18}$$

Mit den Anfangsbedingungen (2.16) folgen $-(q_0 - 2r) = C_3 - r$ und $0 = C_4$. Das *Bewegungsgesetz für die zweite Halbschwingung* ist somit

$$q = -(q_0 - 3r)\cos(pt) - r, \qquad \dot{q} = p(q_0 - 3r)\sin(pt). \tag{2.19}$$

Im zweiten Umkehrpunkt ist $\dot{q} = 0$. Das geschieht zum Zeitpunkt $t_2 = \frac{\pi}{p} = \frac{1}{2}T$ und somit bei $\tau = t_1 + t_2 = T$.

Die Abszisse des Umkehrpunktes ist $q(t_2) = (q_0 - 3r) - r = q_0 - 4r$.

Wenn sich dieser Umkehrpunkt nicht im Gleichgewichtsbereich $(-r_0,\, r_0)$ befindet, d. h. $|q(t_2)| > r_0$, dann geht die Bewegung weiter.

Die folgende *dritte Halbschwingung* verläuft in die negative Richtung und die Gleitreibungskraft F_g wirkt in die positive Richtung (Abb. 2.12).

Der nächste Umkehrpunkt hat die Abszisse $-(q_0 - 6r)$.

Die Bewegung kommt zum Stillstand, wenn ein Umkehrpunkt sich innerhalb des *Gleichgewichtsbereiches* $(-r_0,\, r_0)$ befindet.

Man erkennt, dass nach jeder Halbschwingung der Scheitelwert der Auslenkungen um $2r$ kleiner wird.

Die *Anzahl n der Halbschwingungen* ist die größte ganze Zahl, die der Bedingung

$$q_0 - 2nr < r_0 \tag{2.20}$$

genügt.

Im Bewegungsdiagramm, welches in der Abb. 2.13 dargestellt ist, finden $n = 4$ Halbschwingungen statt, weil $q_0 - 8r = q_0 - 2 \cdot 4 \cdot r < r_0$ gilt.

Die Scheitelwerte der Auslenkungen nehmen linear ab.

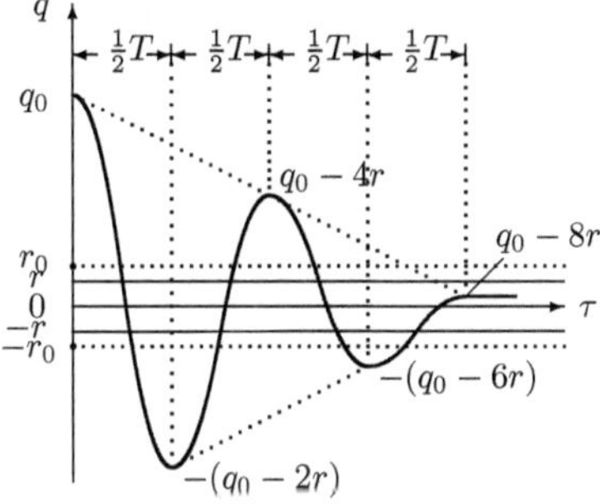

Abbildung 2.13: Bewegungsdiagramm der Schwingung mit Reibung

Die Abb. 2.14 zeigt das Geschwindigkeitsdiagramm. Die Amplituden der Geschwindigkeit werden nach jeder Halbschwingung um $2pr$ kleiner.

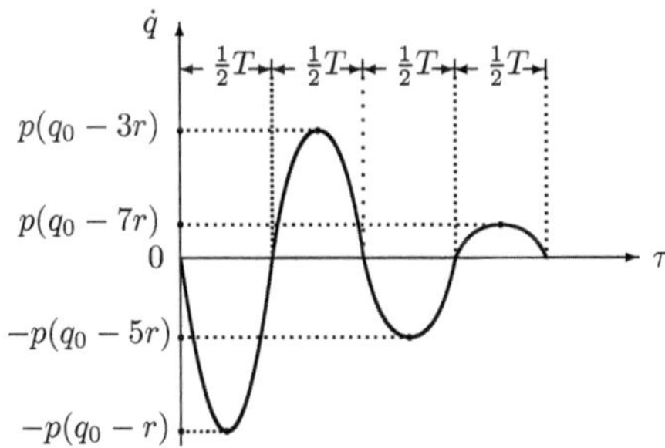

Abbildung 2.14: Geschwindigkeitsdiagramm der Schwingung mit Reibung

Die Abb. 2.15 zeigt das Diagramm der Gleitreibungskräfte. Nach jeder Halb-schwingung ändert sich die Richtung der Geschwindigkeit und somit ändert auch die Gleitreibungskraft das Vorzeichen.

In der Endlage $q = q_0 - 8r > 0$ wird die Federkraft $-c(q_0 - 8r) < 0$ durch die Haftreibungskraft ausgeglichen.

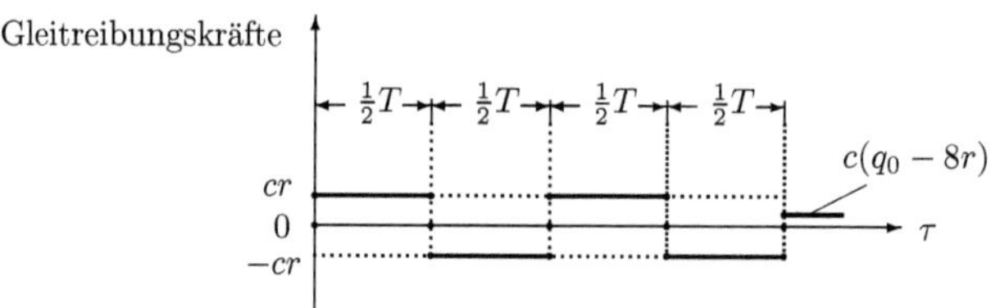

Abbildung 2.15: Diagramm der Gleitreibungskräfte

Die Abb. 2.16 zeigt das Beschleunigungsdiagramm.

Die sprunghafte Veränderung der Reibungskraft bewirkt auch eine *sprung-hafte Veränderung der Beschleunigung.*

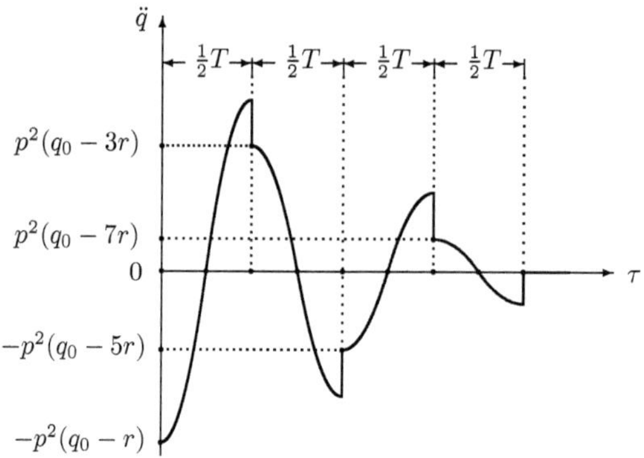

Abbildung 2.16: Beschleunigungsdiagramm der Schwingung mit Reibung

2.3.4 Phasenkurven für das System mit Reibung

Die Abb. 2.17 zeigt die Phasenkurve der Bewegung.

Der *Gleichgewichtsbereich* $(-r_0, r_0)$ auf der q-Achse ist mit dicker Linie ein-gezeichnet.

Die erste Halbschwingung ist ein halber Ellipsenbogen in der negativen Halbebene mit dem Mittelpunkt in $q = r$, mit der Halbachse gleich mit $q_0 - r$ und der minimalen Geschwindigkeit gleich mit $-p(q_0 - r)$.

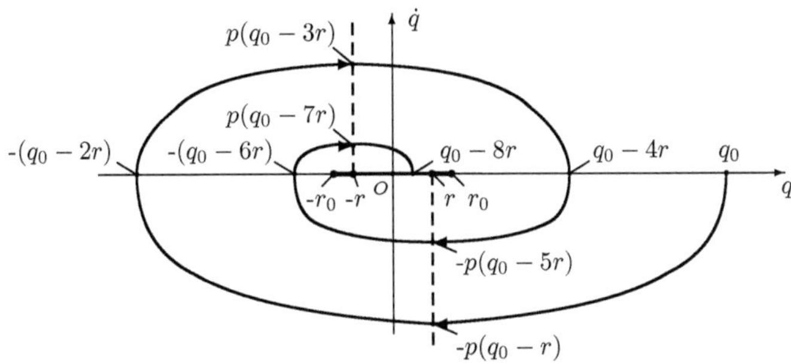

Abbildung 2.17: Phasenkurve der Bewegung

Die zweite Halbschwingung ist ein halber Ellipsenbogen in der positiven Halbebene mit dem Mittelpunkt in $q = -r$, mit der Halbachse gleich mit $q_0 - 3r$ und der maximalen Geschwindigkeit gleich mit $p(q_0 - 3r)$.

Die dritte Halbschwingung ist ein halber Ellipsenbogen in der negativen Halbebene mit dem Mittelpunkt in $q = r$, mit der Halbachse gleich mit $q_0 - 5r$ und der minimalen Geschwindigkeit gleich mit $-p(q_0 - 5r)$.

Die vierte Halbschwingung ist ein halber Ellipsenbogen in der positiven Halbebene mit dem Mittelpunkt in $q = -r$, mit der Halbachse gleich mit $q_0 - 7r$ und der maximalen Geschwindigkeit gleich mit $p(q_0 - 7r)$.

Der Umkehrpunkt $q = q_0 - 8r$ der vierten Halbschwingung befindet sich im Gleichgewichtsbereich $(-r_0, r_0)$ und deshalb ist das auch der Endpunkt der Bewegung.

Die Abb. 2.18 zeigt einige Phasenkurven, die in den Gleichgewichtsbereich $(-r_0, r_0)$ einmünden.

Mit dickem Strich sind die *Phasenkurven* eingezeichnet, welche in die *Grenzpunkte* des Gleichgewichtsbereiches $(-r_0, r_0)$ einmünden.

Diese Phasenkurven sind *Grenzkurven*, welche die Phasenkurven trennen, die mit positiver oder negativer Geschwindigkeit in den Gleichgewichtsbereich einmünden.

Mit punktiertem Strich sind die Phasenkurven eingezeichnet, die in die Gleichgewichtslagen $q = -r$ und $q = r$ einmünden.

Die Phasenkurve mit dünnem Strich ist eine Bewegung mit der Anfangsauslenkung $q(0) = q_0$, die innerhalb des Gleichgewichtsbereiches zum Stillstand kommt.

Die Gleichgewichtslagen innerhalb des Gleichgewichtsbereiches unterscheiden sich durch das Verhalten des Körpers auf Veränderungen der Anfangsbedingungen mit Anfangslagen innerhalb des Gleichgewichtsbereiches durch kleine positive oder negative Anfangsgeschwindigkeiten.

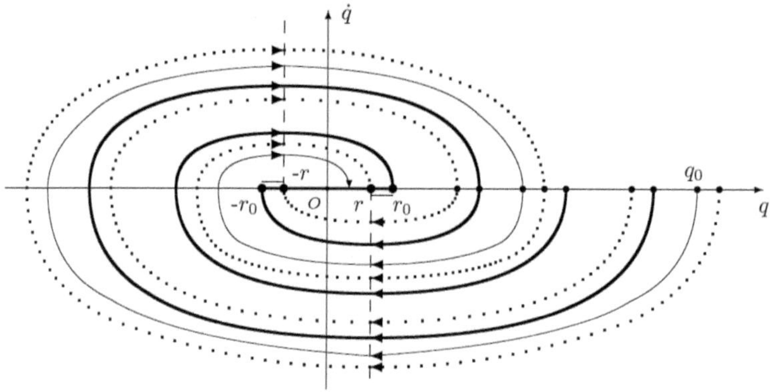

Abbildung 2.18: Phasenkurven um den Gleichgewichtsbereich $(-r_0, r_0)$ durch Reibung

Die Abb. 2.19 zeigt qualitativ den Anfangsverlauf von Phasenkurven für verschiedene Anfangslagen im Abschnitt $(0, r_0)$ mit unterschiedlichen Anfangsgeschwindigkeiten, die in der Abb. 2.19 mit kleinen Kreisen gekennzeichnet sind.

Die Anfangsbedingung a entspricht einer Gleichgewichtslage.

Die Anfangsbedingung a_p entspricht der gleichen Anfangslage a mit einer kleinen positiven Anfangsgeschwindigkeit. Die Phasenkurve der entsprechenden Bewegung zeigt, dass sich der Körper in eine benachbarte Gleichgewichtslage in die positive Richtung verschiebt.

Die Anfangsbedingung a_n entspricht der gleichen Anfangslage a mit einer kleinen negativen Anfangsgeschwindigkeit. Die Phasenkurve der entsprechenden Bewegung zeigt, dass sich der Körper in eine benachbarte Gleichgewichtslage in die negative Richtung verschiebt.

Die Anfangsbedingung b_p entspricht einer Anfangslage im Bereich $q < r$ mit einer kleinen positiven Anfangsgeschwindigkeit. Die Phasenkurve der entsprechenden Bewegung zeigt, dass sich der Körper in eine benachbarte Gleichgewichtslage in die positive Richtung verschiebt.

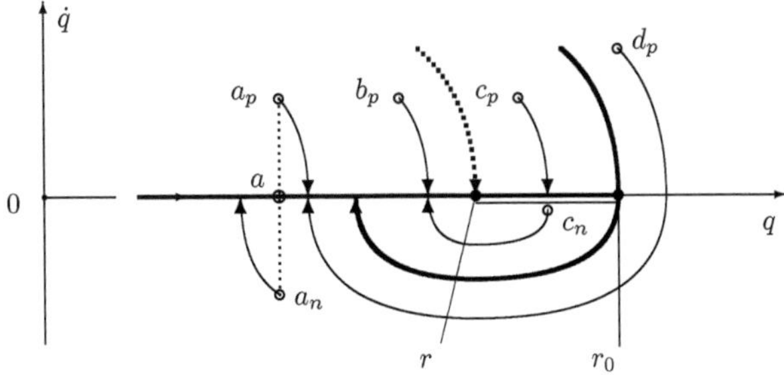

Abbildung 2.19: Phasenkurven für verschiedene Anfangsbedingungen o für $q > 0$

Die Anfangsbedingung c_p entspricht einer Anfangslage im Abschnitt (r, r_0) mit einer kleinen positiven Anfangsgeschwindigkeit. Die Phasenkurve zeigt, dass sich der Körper in die positive Richtung in eine benachbarte Gleichgewichtslage verschiebt.

Die Anfangsbedingung c_n entspricht einer Anfangslage im Abschnitt (r, r_0) mit einer kleinen negativen Anfangsgeschwindigkeit. Die Phasenkurve der entsprechenden Bewegung zeigt, dass sich der Körper in die negative Richtung bewegt und in einer Lage links von $q = r$ zum Stillstand kommt.

Die Anfangszustände mit Anfangslagen zwischen (r, r_0) mit kleinen positiven Anfangsgeschwindigkeiten verschieben den Körper in eine benachbarte Gleichgewichtslage so wie bei Anfangslagen zwischen 0 und r.

Die Anfangszustände mit Anfangslagen zwischen (r, r_0) mit kleinen negativen Anfangsgeschwindigkeiten verschieben den Körper in Gleichgewichtslagen links von r und unterscheiden sich dadurch von den Anfangslagen zwischen 0 und r, bei welchen eine kleine negative Anfangsgeschwindigkeit eine Verschiebung in eine benachbarte Gleichgewichtslage verursacht.

Die Anfangsbedingung d_p mit einer Anfangslage außerhalb des Gleichgewichtsbereiches und einer positiven Anfangsgeschwindigkeit führt auf eine Bewegung in die positive Richtung bis zu einem Umkehrpunkt. Danach bewegt sich der Körper in die negative Richtung und kommt in einer Lage links von r zum Stillstand.

Ein analoges Verhalten gibt es auch für Anfangslagen im Abschnitt $(-r_0, -r)$ mit entgegengesetzten Vorzeichen.

2.3.5   Amplitudenfolge, Phasenkurve und Bilanzgleichungen

Die Amplitudenfolge und die Phasenkurve können auch mit Hilfe der Bilanzgleichungen bestimmt werden.

Mit den Anfangsbedingungen $q(0) = q_0 > 0$ und $\dot{q}(0) = 0$ ist die erste Halbschwingung mit negativer Geschwindigkeit und die Bilanzgleichung ist

$$\frac{1}{2}m\dot{q}^2 + \frac{1}{2}cq^2 - \frac{1}{2}cq_0^2 - \mu mg \cdot (q - q_0) = 0.$$

Mit den Bezeichnungen $p^2 = c/m$ und $r = \mu mg/c$ erhält man als Bilanzgleichung

$$\frac{1}{2}\left(\frac{\dot{q}}{p}\right)^2 + \frac{1}{2}q^2 - \frac{1}{2}q_0^2 - r \cdot (q - q_0) = 0.$$

Der Umkehrpunkt mit der Koordinate $q = -q_1$ und $\dot{q} = 0$ ergibt sich aus

$$\frac{1}{2}q_1^2 - \frac{1}{2}q_0^2 - r \cdot (-q_1 - q_0) = 0$$

$$\rightarrow \quad \frac{1}{2}(q_1 + q_0)(q_1 - q_0) + r \cdot (q_1 + q_0) = 0 \quad \rightarrow \quad q_1 = q_0 - 2r.$$

Die Phasenkurve der ersten Halbschwingung ist ein halber Ellipsenbogen in der negativen Halbebene mit der Halbachse $[q_0 - (-q_1)]/2 = q_0 - r$ und mit dem Mittelpunkt in $q = \frac{1}{2}[q_0 + (-q_1)] = r$. Die Geschwindigkeit $\dot{q}$ in dieser Lage ist

$$\frac{1}{2}\left(\frac{\dot{q}}{p}\right)^2 + \frac{1}{2}r^2 - \frac{1}{2}q_0^2 - r \cdot (r - q_0) = 0 \quad \rightarrow \quad \dot{q} = -p(q_0 - r).$$

Die zweite Halbschwingung mit positiver Geschwindigkeit hat die Anfangsbedingungen $q_0 = -q_1 = -(q_0 - 2r) < 0$ und $\dot{q}(0) = 0$ und die entsprechende Bilanzgleichung ist

$$\frac{1}{2}\left(\frac{\dot{q}}{p}\right)^2 + \frac{1}{2}q^2 - \frac{1}{2}q_0^2 + r \cdot (q - q_0) = 0.$$

Der Umkehrpunkt mit der Koordinate $q = q_2$ und $\dot{q} = 0$ ergibt sich aus

$$\frac{1}{2}q_2^2 - \frac{1}{2}q_1^2 + r \cdot [q_2 - (-q_1)] = 0$$

$$\rightarrow \quad \frac{1}{2}(q_2 + q_1)(q_2 - q_1) + r \cdot (q_2 + q_1) = 0 \quad \rightarrow \quad q_2 = q_1 - 2r = q_0 - 4r.$$

Die Phasenkurve der zweiten Halbschwingung ist ein halber Ellipsenbogen in der positiven Halbebene mit der Halbachse $(q_1 + q_2)/2 = q_0 - 3r$ und dem Mittelpunkt in $q = \frac{1}{2}(-q_1 + q_2) = -r$. Die Geschwindigkeit $\dot{q}$ in dieser Lage ist

$$\frac{1}{2}\left(\frac{\dot{q}}{p}\right)^2 + \frac{1}{2}r^2 - \frac{1}{2}(q_0 - 2r)^2 + r \cdot [-r + (q_0 - 2r)] = 0 \quad \rightarrow \quad \dot{q} = p(q_0 - 3r).$$

Auf ähnliche Weise werden die dritte und vierte Halbschwingungen mit negativer bzw. positiver Geschwindigkeit behandelt.

Der Umkehrpunkt der dritten Halbschwingung ist $q = -q_3 = -(q_0 - 6r)$.

Die Phasenkurve der dritten Halbschwingung ist ein halber Ellipsenbogen in der negativen Halbebene mit der Halbachse $q_0 - 5r$ und mit dem Mittelpunkt in $q = r$. Die Geschwindigkeit $\dot{q}$ in dieser Lage ist $\dot{q} = -p(q_0 - 5r)$.

Der Umkehrpunkt der vierten Halbschwingung ist $q = q_4 = -(q_0 - 8r)$.

Die Phasenkurve der vierten Halbschwingung ist ein halber Ellipsenbogen in der positiven Halbebene mit der Halbachse $q_0 - 7r$ und dem Mittelpunkt in $q = -r$. Die Geschwindigkeit $\dot{q}$ in dieser Lage ist $\dot{q} = p(q_0 - 7r)$.

Die Bewegung endet in der Lage $q = q_0 - 8r$ im Gleichgewichtsbereich $(-r_0, r_0)$.

Diese Ergebnisse wurden mit Hilfe der Bilanzgleichungen bestimmt und stimmen mit den Werten überein, die durch Integration der Bewegungsdifferentialgleichung ermittelt wurden.

2.3.6 Amplitudenfolge mit dem Potential

Die Abb. 2.20 zeigt die Amplitudenfolge, die mit dem Potential bestimmt wird.

Ausgehend von der Anfangslage A_0 mit der Koordinate $q = q_0$ kommt man nach der ersten Halbschwingung in die Umkehrlage A_1 mit der Koordinate $q = -q_1$ mit $q_1 = q_0 - 2r$. Daraus folgt für den Abstand $b = q_0 - (-q_1) = q_0 + q_1$.

Den Abstand h erhält man aus

$$h = E_p(q_0) - E_p(-q_1) = \frac{1}{2}cq_0^2 - \frac{1}{2}cq_1^2 = \frac{1}{2}c(q_0 + q_1)(q_0 - q_1).$$

Somit gilt für den Winkel α

$$\tan(\alpha) = \frac{h}{b} = \frac{c(q_0 + q_1)(q_0 - q_1)}{2(q_0 + q_1)} = \frac{1}{2}c(q_0 - q_1) = cr.$$

Dieser Wert ist unabhängig vom Anfangswert q_0 und gilt deshalb für alle Halbschwingungen.

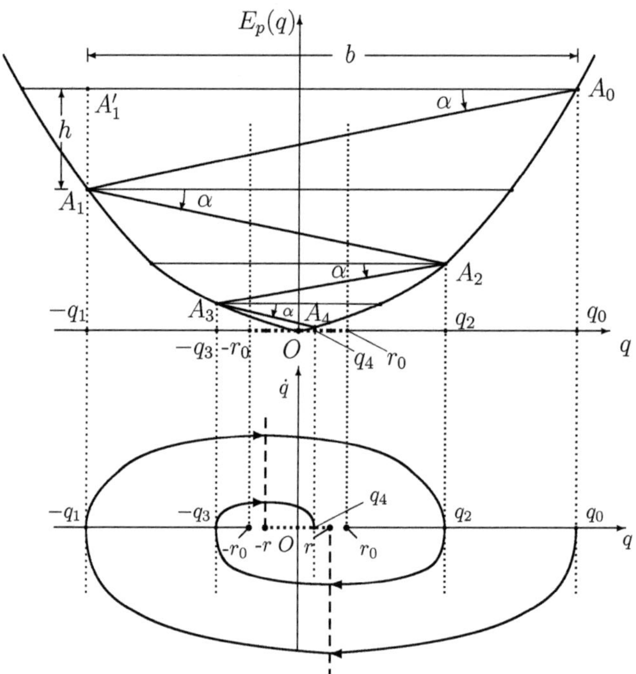

Abbildung 2.20: Amplitudenfolge mit Potential und Phasenkurve

Die Amplitudenfolge wird somit durch die Abszissen q_0, $-q_1$, q_2, $-q_3$ und q_4 der Punkte A_0, A_1, A_2, A_3 und A_4 angezeigt.

Die Bewegung endet im Bereich $q \in (-r_0, r_0)$.

Der Körper bewegt sich nicht endlos um den stationären Zustand $q = 0$, $\dot{q} = 0$ und nähert sich nicht asympotisch diesem Zustand sondern kommt in einer Gleichgewichtslage innerhalb des Gleichgewichtsbereiches in endlicher Zeit zum Stillstand.

2.4 Lineares System mit instabilem stationären Zustand

Das System in der Abbildung 2.21 besteht aus einem horizontal angeordneten Rohr, welches sich um die vertikale Achse z_1 dreht. Im Rohr kann sich ein Körper von der Masse m und dem Schwerpunkt in S bewegen. Die Lage des Körpers im Rohr ist durch die Länge q bestimmt. Das Rohr dreht sich mit der konstanten Winkelgeschwindigkeit $\dot{\varphi} = \Omega$.

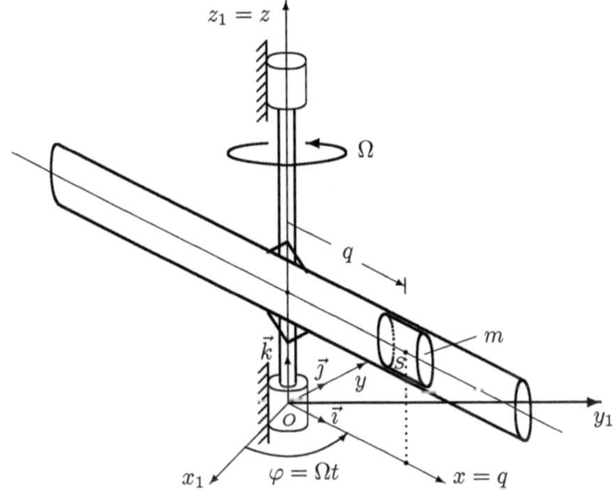

Abbildung 2.21: Körper im horizontalen Rohr mit vertikaler Drehachse

2.4.1 Bewegungsdifferentialgleichung, stationärer Zustand und allgemeine Lösung

Das System hat einen Freiheitsgrad q und $\varphi = \Omega t$ ist eine *zeitabhängige (rheonome) Bindung* [12].

Die Vektoren werden in Bezug auf das körperfeste Koordinatensystem $xOyz$ mit den Einsvektoren $\vec{i}$, $\vec{j}$ und $\vec{k}$ ausgedrückt.

Die Bewegungsdifferentialgleichung wird mit dem *Impulssatz in der D'Alembert'schen Form* bestimmt.

Auf den Körper im Rohr wirkt als eingeprägte Kraft das Gewicht $\vec{G} = -mg\,\vec{k}$.

Reaktionskräfte sind die Komponenten F_{Ny} und F_{Nz} der *Normalreaktion*.

Zur Bestimmung der Komponenten der *Trägheitkräfte* werden die Geschwindigkeits und *Beschleunigungskomponenten* des Körpers in der geradlinigen Relativbewegung $q = q(t)$ und der gleichförmigen Drehung mit der Winkelgeschwindigkeit $\dot{\varphi} = \Omega$ der Führungsbewegung ausgedrückt.

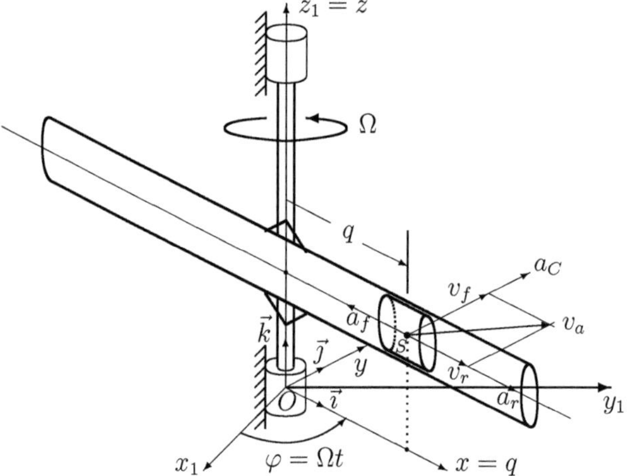

Abbildung 2.22: Geschwindigkeiten und Beschleunigungen des Körpers im Rohr

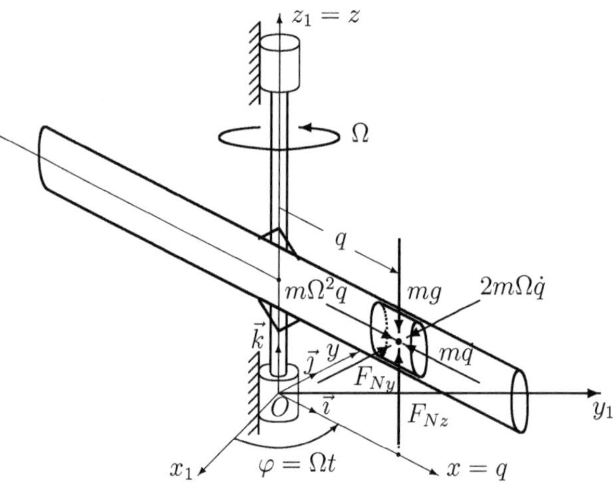

Abbildung 2.23: Kräfte, die auf den Körper im Rohr wirken

Für die Geschwindigkeiten und Beschleunigungen in Abb. 2.22 gilt

$$\vec{v}_a = \vec{v}_r + \vec{v}_f, \qquad \vec{v}_r = \dot{q}\,\vec{\imath}, \qquad \vec{v}_f = \Omega q \vec{\jmath},$$

$$\vec{a} = \vec{a}_r + \vec{a}_f + \vec{a}_C, \quad \vec{a}_r = \ddot{q}\,\vec{\imath}, \quad \vec{a}_f = -\Omega^2 q\,\vec{\imath}, \quad \vec{a}_C = 2(\Omega \vec{k}) \times \vec{v}_r = 2\Omega\dot{q}\,\vec{\jmath}.$$

Die entsprechenden *Komponenten der Trägheitskräfte* sind

$$\vec{F}_r = -m\vec{a}_r = -m\ddot{q}\,\vec{\imath}, \quad \vec{F}_f = -m\vec{a}_f = m\Omega^2 q\,\vec{\imath}, \quad \vec{F}_C = -m\vec{a}_C = -2m\Omega\dot{q}\,\vec{\jmath}.$$

Wegen der gleichförmigen Drehung des Rohres hat die Trägheitskraft durch die Führungsbewegung nur eine Komponente F_f, welche die *Fliehkraft* ist. Diese Komponenten und auch die anderen Kräfte sind in der Abb 2.23 eingezeichnet.

Die Gleichgewichtsbedingungen dieser Kräfte sind:

$$\sum F_{ix} = -m\ddot{q} + m\Omega^2 q = 0, \quad \sum F_{iy} = -2m\Omega\dot{q} + F_{Ny} = 0,$$

$$\sum F_{iz} = -mg + F_{Nz} = 0.$$

Aus der ersten dieser Gleichungen erhält man die *Bewegungsdifferentialgleichung*

$$m\ddot{q} - m\Omega^2 q = 0.$$

Die Bewegungsdifferentialgleichung kann auch mit der *Lagrange'schen Gleichung* zweiter Art bestimmt werden.

Für dieses konservative System ist diese Gleichung

$$\frac{d}{dt}\left(\frac{\partial E_k}{\partial \dot{q}}\right) - \frac{\partial E_k}{\partial q} + \frac{\partial E_p}{\partial q} = 0.$$

Die Abb. 2.22 zeigt die Geschwindigkeitskomponenten des Schwerpunktes S des Körpers. Die Relativgeschwindigkeit der Masse m im Rohr ist $v_r = \dot{q}$ und die Führungsgeschwindigkeit ist $v_f = \Omega \cdot q$. Diese Geschwindigkeitskomponenten sind aufeinander senkrecht und die absolute Geschwindigkeit folgt aus $v_a^2 = v_r^2 + v_f^2 = \dot{q}^2 + \Omega^2 q^2$. Somit ist die kinetische Energie des Körpers

$$E_k = \frac{1}{2}mv_a^2 = \frac{1}{2}m(\dot{q}^2 + \Omega^2 q^2).$$

Die Abb. 2.23 zeigt auch die eingeprägte Kraft mg, die auf den Körper wirkt. Das Potential der Gewichtskraft mg der Masse m, deren Angriffspunkte sich in einer horizontalen Ebene bewegt, ist konstant und wird gleich null angenommen.

Somit ist das Potential des Systems $E_p = 0$.
Die Ableitungen sind

$$\frac{\partial E_k}{\partial q} = m\Omega^2 q, \qquad \frac{\partial E_k}{\partial \dot{q}} = m\dot{q}, \qquad \frac{d}{dt}\Big(\frac{\partial E_k}{\partial \dot{q}}\Big) = m\ddot{q}, \qquad \frac{\partial E_p}{\partial q} = 0.$$

In die Lagrange'sche Gleichung eingesetzt erhält man die gleiche *Bewegungs-differentialgleichung*

$$m\ddot{q} - m\Omega^2 q = 0 \qquad \rightarrow \qquad \ddot{q} - \Omega^2 q = 0. \qquad (2.21)$$

Mit dem Lösungsansatz $q = Ce^{\lambda t}$ erhält man die charakteristische Gleichung und deren Lösungen

$$\lambda^2 - \Omega^2 = 0, \qquad \lambda_1 = \Omega \qquad \lambda_2 = -\Omega.$$

Mit den Integrationskonstanten C_1 und C_2 ist die allgemeine Lösung der Differentialgleichung

$$q = C_1 e^{\lambda_1 t} + C_2 e^{\lambda_2 t} = C_1 e^{\Omega t} + C_2 e^{-\Omega t}$$

und deren Ableitung ist

$$\dot{q} = \Omega C_1 e^{\Omega t} - \Omega C_2 e^{-\Omega t} = \Omega(C_1 e^{\Omega t} - C_2 e^{-\Omega t}).$$

Mit den Anfangsbedingungen $t = 0$, $q(0) = q_0$ und $\dot{q}(0) = v_0$ erhält man

$$q_0 = C_1 + C_2, \qquad v_0 = \Omega(C_1 - C_2).$$

Daraus folgt

$$C_1 = \frac{1}{2}\Big(q_0 + \frac{v_0}{\Omega}\Big), \qquad C_2 = \frac{1}{2}\Big(q_0 - \frac{v_0}{\Omega}\Big).$$

Die Lösung der Differentialgleichung ist

$$q = \frac{1}{2}\Big(q_0 + \frac{v_0}{\Omega}\Big)e^{\Omega t} + \frac{1}{2}\Big(q_0 - \frac{v_0}{\Omega}\Big)e^{-\Omega t} = q_0 \cdot \frac{1}{2}\big(e^{\Omega t} + e^{-\Omega t}\big) + \frac{v_0}{\Omega} \cdot \frac{1}{2}\big(e^{\Omega t} - e^{-\Omega t}\big).$$

Das ist auch das *Bewegungsgesetz*.
Mit $\cosh(x) = (e^x + e^{-x})/2$ und $\sinh(x) = (e^x - e^{-x})/2$ gilt

$$q = q_0 \cdot \cosh(\Omega t) + \frac{v_0}{\Omega} \cdot \sinh(\Omega t), \qquad \dot{q} = q_0 \Omega \cdot \sinh(\Omega t) + v_0 \cdot \cosh(\Omega t),$$

und

$$\ddot{q} = q_0 \Omega^2 \cdot \cosh(\Omega t) + v_0 \Omega \cdot \sinh(\Omega t).$$

Die Abb 2.24 zeigt für die Anfangsbedingungen $q_0 > 0$ und $v_0 = 0$ das Bewegungsdiagramm q/q_0, das Geschwindigkeitsdiagramm $\dot{q}/(q_0\Omega)$ und das Beschleunigungsdiagramm $\ddot{q}/(q_0\Omega^2)$ als Funktionen von Ωt.

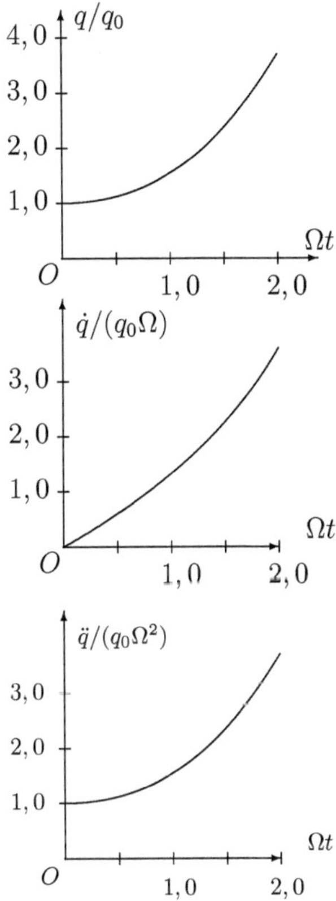

Abbildung 2.24: Bewegungs-, Geschwindigkeits- und Beschleunigungsdiagramm um die relative Gleichgewichtslage $q = 0$

In einem stationären Zustand gilt $\dot{q} = 0$ und $\ddot{q} = 0$.

Aus der Differentialgleichung folgt, dass $q = 0$ ein stationärer Zustand ist. Das ist die relative Gleichgewichtslage in $q = 0$.

Wegen $\cosh(\Omega t) \nearrow \infty$ und $\sinh(\Omega t) \nearrow \infty$ gilt auch $|q| \nearrow \infty$ und $|\dot{q}| \nearrow \infty$. Somit ist der stationäre Zustand $q = 0$, $\dot{q} = 0$, also die *relative Gleichgewichtslage $q = 0$, nicht stabil.*

2.4.2 Bilanzgleichung und Phasenkurven

Die Differentialgleichung (2.21) wird mit dq multpliziert,

$$\ddot{q} \cdot dq - \Omega^2 q \cdot dq = 0.$$

Die Berücksichtigung der Zusammenhänge

$$\ddot{q} \cdot dq = \frac{d\dot{q}}{dt} \cdot dq = d\dot{q} \cdot \frac{dq}{dt} = d\dot{q} \cdot \dot{q} = d\left(\frac{1}{2}\dot{q}^2\right), \qquad q \cdot dq = d\left(\frac{1}{2}q^2\right)$$

ergibt

$$d\left(\frac{1}{2}\dot{q}^2\right) - d\left(\frac{1}{2}\Omega^2 q^2\right) = 0.$$

Das ist die Differentialform der Bilanzgleichung.

Die Integralform der Bilanzgleichung erhält man durch Integration.

Mit den Anfangsbedingungen $t = 0$, $q(0) = q_0$ und $\dot{q}(0) = v_0$ folgt

$$\frac{1}{2}\dot{q}^2 - \frac{1}{2}\Omega^2 q^2 = \frac{1}{2}v_0^2 - \frac{1}{2}\Omega^2 q_0^2.$$

Diese Gleichung wird durch Ω^2 geteilt und mit 2 multipliziert. Das führt auf die dimensionlose Form der *Bilanzgleichung*

$$\left(\frac{\dot{q}}{\Omega}\right)^2 - q^2 = \left(\frac{v_0}{\Omega}\right)^2 - q_0^2 = const. \tag{2.22}$$

Das ist auch die Gleichung der Phasenkurven in der Phasenebene mit den Koordinaten q und $\dot{q}/\Omega$: Es sind Hyperbeln mit dem singulären Punkt $(0,0)$ als Mittelpunkt (Abb. 2.25). Die Pfeile auf den Phasenkurven zeigen die Richtungen der Verschiebungen der Phasenpunkte entlang dieser Phasenkurven für steigender Werte des Parameters t.

Die Phasenkurven mit den Anfangsbedingungen $q(0) = q_0 > 0$ und $\dot{q} = v_0 = 0$ (Kurve 1), $q(0) = -q_0 < 0$ und $\dot{q} = v_0 = 0$ (Kurve 2), $q(0) = q_0 = 0$ und $\dot{q} = v_0 > 0$ (Kurve 3) und $q(0) = q_0 = 0$ und $\dot{q} = -v_0 < 0$ (Kurve 4), sind in der Abb. 2.25 dargestellt.

Für Anfangswerte $v_0/\Omega = \pm q_0$ ist in der Gleichung (2.22) der Wert der Konstanten *const* gleich null und somit gilt

$$\left(\frac{\dot{q}}{\Omega}\right)^2 - q^2 = \left(\frac{\dot{q}}{\Omega} - q\right)\left(\frac{\dot{q}}{\Omega} + q\right) = 0.$$

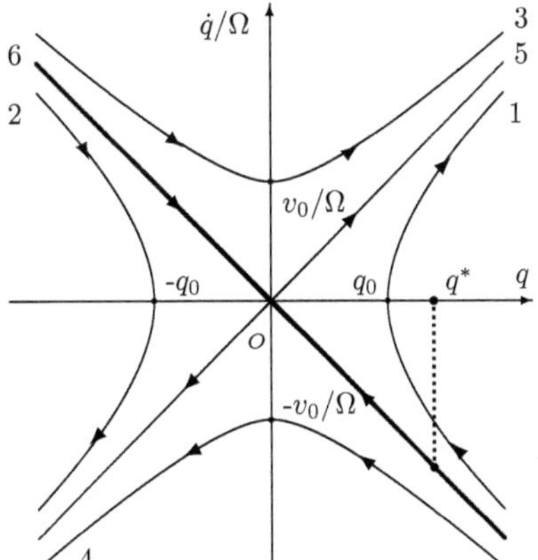

Abbildung 2.25: Phasenkurven um den instabilen singulären Punkt $q = 0$, $\dot{q} = 0$ (Sattelpunkt)

Deshalb gehören zu den Phasenkurven auch die Geraden $\dot{q}/\Omega = q$ und $\dot{q}/\Omega = -q$, die durch den singulären Punkt $O(0,0)$ gehen, welcher in der Phasenebene den stationären Zustand, das ist die relative Gleichgewichtslage $q = 0$, darstellt.

In der Abb. 2.25 sind diese Geraden eingezeichnet.

Diese Geraden bilden jeweils zwei Separatrizen.

Die Separatrizen entlang der Geraden 5 entspringen aus dem singulären Punkt.

Die Separatrizen entlang der Geraden 6 münden in den singulären Punkt.

Die Separatrizen, die in den Punkt $O(0,0)$ einmünden, sind mit dicken Strichen eingezeichnet. Ihre Gleichung ist $\dot{q}/\Omega = -q$.

Der Zeitabschnitt der Veränderung von q entsprechend dieser Geraden aus der Lage q^* bis in eine Lage $q \in (0, q^*)$ folgt aus der Gleichung $\dot{q}/\Omega = -q$ mit $\dot{q} = dq/dt$. Es gilt

$$dt = -\frac{1}{\Omega}\frac{dq}{q} \quad \rightarrow \quad \int_0^t dt = -\frac{1}{\Omega}\int_{q^*}^q \frac{dq}{q} \quad \rightarrow \quad t = -\frac{1}{\Omega}\ln\left(\frac{|q|}{|q^*|}\right) = \frac{1}{\Omega}\ln\left(\frac{|q^*|}{|q|}\right).$$

Für $|q| \rightarrow 0$ ergibt sich $t \nearrow \infty$. Dieses Ergebnis zeigt das asymptotische Verhalten bei der Annäherungen zum Nullpunkt auf dieser Geraden,

Die Phasenkurven der anderen Bewegungen entfernen sich vom singulären Punkt der somit instabil ist.

Dieser *instabile singuläre Punkt* wird *Sattelpunkt* genannt.

2.5 Lineares System mit instabilem stationären Zustand und Dämpfung

Das System in der Abbildung 2.26 besteht aus einem horizontal angeordneten Rohr, welches sich um die vertikale Achse z_1 dreht. Im Rohr kann sich ein Körper von der Masse m und dem Schwerpunkt in S bewegen. Die Lage des Körpers im Rohr ist durch die Länge q bestimmt. Das Rohr dreht sich mit der konstanten Winkelgeschwindigkeit $\dot{\varphi} = \Omega$. Auf den Körper im Rohr wirkt eine mit der Relativgeschwindigkeit $\dot{q}$ proportionale Dämpfungskraft $b\dot{q}$ mit $b = 0,9165\,m\Omega$.

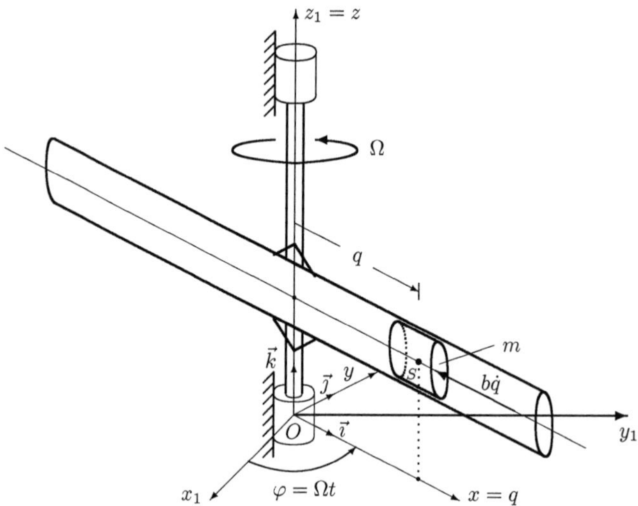

Abbildung 2.26: Körper mit Dämpfung im horizontalen Rohr mit vertikaler Drehachse

2.5.1 Bewegungsdifferentialgleichung, stationärer Zustand und allgemeine Lösung

Das System hat einen Freiheitsgrad q und $\varphi = \Omega t$ ist eine *zeitabhängige (rheonome) Bindung* [12].
Die Vektoren werden in Bezug auf das körperfeste Koordinatensystem $xOyz$ mit den Einsvektoren $\vec{\imath}$, $\vec{j}$ und $\vec{k}$ ausgedrückt.

Die Bewegungsdifferentialgleichung wird mit dem *Impulssatz in der D'Alembert'schen Form* bestimmt.

Auf den Körper im Rohr wirken als eingeprägte Kräfte das Gewicht $\vec{G} = -mg\,\vec{k}$ und die Dämpfungskraft $\vec{F}_d = -b\dot{q}\,\vec{\imath}$.

Reaktionskräfte sind die Komponenten F_{Ny} und F_{Nz} der *Normalreaktion*.

Zur Bestimmung der Komponenten der Trägheitkräfte werden die Geschwindigkeits- und Beschleunigungskomponenten des Körpers in der geradlinigen Relativbewegung $q = q(t)$ und der gleichförmigen Drehung mit der Winkelgeschwindigkeit $\dot{\varphi} = \Omega$ der Führungsbewegung ausgedrückt.

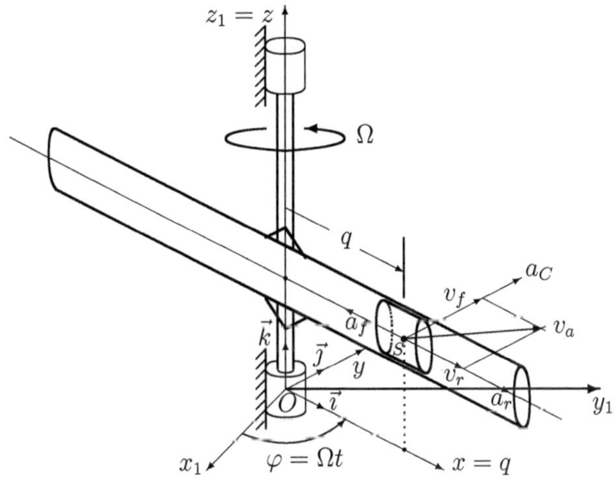

Abbildung 2.27: Geschwindigkeiten und Beschleunigungen des Körpers im Rohr

Für die Geschwindigkeiten und *Beschleunigungen* in Abb. 2.27 gilt

$$\vec{v}_a = \vec{v}_r + \vec{v}_f, \qquad \vec{v}_r = \dot{q}\vec{\imath}, \qquad \vec{v}_f = \Omega q\vec{\jmath},$$

$$\vec{a} = \vec{a}_r + \vec{a}_f + \vec{a}_C, \quad \vec{a}_r = \ddot{q}\,\vec{\imath}, \quad \vec{a}_f = -\Omega^2 q\,\vec{\imath}, \quad \vec{a}_C = 2(\Omega\vec{k}) \times \vec{v}_r = 2\Omega\dot{q}\,\vec{\jmath}.$$

Wegen der Drehung mit konstanter Winkelgeschwindigkeit Ω ist die Tangentialkomponente der Führungsbeschleunigung gleich mit null.

Die entsprechenden Komponenten der *Trägheitskräfte* sind

$$\vec{F}_r = -m\vec{a}_r = -m\ddot{q}\,\vec{\imath}, \quad \vec{F}_f = -m\vec{a}_f = m\Omega^2 q\,\vec{\imath}, \quad \vec{F}_C = -m\vec{a}_C = -2m\Omega\dot{q}\,\vec{\jmath}.$$

Die Trägheitskraft F_f durch die Führungsbewegung ist die *Fliehkraft*.

Diese Komponenten und auch die anderen Kräfte sind in der Abb 2.28 eingezeichnet.

Die Gleichgewichtsbedingungen dieser Kräfte sind:

$$\sum F_{ix} = -m\ddot{q} - b\dot{q} + m\Omega^2 q = 0, \qquad \sum F_{iy} = -2m\Omega\dot{q} + F_{Ny} = 0,$$

$$\sum F_{iz} = -mg + F_{Nz} = 0.$$

Aus der ersten dieser Gleichungen erhält man die *Bewegungsdifferentialglei-chung*

$$m\ddot{q} + b\dot{q} - m\Omega^2 q = 0.$$

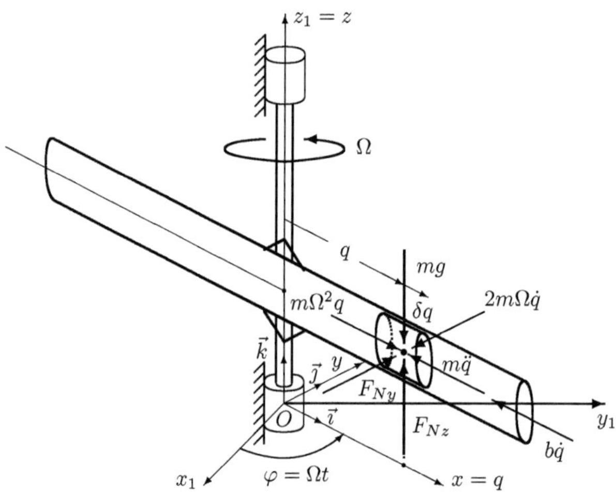

Abbildung 2.28: Kräfte, die auf den Körper im Rohr wirken

Die Bewegungsdifferentialgleichung kann auch mit der *Lagrange'schen Glei-chung* zweiter Art bestimmt werden. Diese Gleichung ist

$$\frac{d}{dt}\left(\frac{\partial E_k}{\partial \dot{q}}\right) - \frac{\partial E_k}{\partial q} + \frac{\partial E_p}{\partial q} - Q^{(nk)} = 0.$$

Die Abb. 2.27 zeigt die Geschwindigkeitskomponenten des Schwerpunktes S des Körpers. Die Relativgeschwindigkeit der Masse m im Rohr ist $v_r = \dot{q}$ und die Führungsgeschwindigkeit ist $v_f = \Omega \cdot q$. Diese Geschwindigkeits-komponenten sind aufeinander senkrecht und die absolute Geschwindigkeit folgt aus $v_a^2 = v_r^2 + v_f^2 = \dot{q}^2 + \Omega^2 q^2$. Somit ist die kinetische Energie des Körpers

$$E_k = \frac{1}{2}mv_a^2 = \frac{1}{2}m(\dot{q}^2 + \Omega^2 q^2).$$

Die Abb. 2.28 zeigt auch die eingeprägte Kraft mg, die auf den Körper wirkt. Das Potential der Gewichtskraft mg der Masse m, deren Angriffspunkte sich in einer horizontalen Ebene bewegt, ist konstant und wird gleich null angenommen.

Somit ist das Potential des Systems $E_p = 0$.

Auf das System wirkt als eingeprägte nichtkonservative Kraft die *Dämpfungskraft $b\dot{q}$*.

Die virtuelle Arbeit dieser Kraft bei einer virtuellen Verschiebung δq ist
$\delta A = -b\dot{q} \cdot \delta q$
$= Q^{(nk)} \cdot \delta q$ und somit gilt $Q^{(nk)} = -b\dot{q}$.

Die Ableitungen zur Bildung der Lagrange'schen Gleichung sind

$$\frac{\partial E_k}{\partial q} = m\Omega^2 q, \quad \frac{\partial E_k}{\partial \dot{q}} = m\dot{q}, \quad \frac{d}{dt}\left(\frac{\partial E_k}{\partial \dot{q}}\right) = m\ddot{q}, \quad \frac{\partial E_p}{\partial q} = 0.$$

In die Lagrange'sche Gleichung eingesetzt erhält man die gleiche *Bewegungsdifferentialgleichung*

$$m\ddot{q} + b\dot{q} - m\Omega^2 q = 0. \tag{2.23}$$

Mit dem Lösungsansatz $q = Ce^{\lambda t}$ erhält man die charakteristische Gleichung und deren Lösungen

$$m\lambda^2 + b\lambda - m\Omega^2 = 0,$$

$$\lambda_1 = -\frac{b}{2m} + \sqrt{\left(\frac{b}{2m}\right)^2 + \Omega^2} > 0 \qquad \lambda_2 = -\frac{b}{2m} - \sqrt{\left(\frac{b}{2m}\right)^2 + \Omega^2} < 0 < \lambda_1.$$

Mit der Bezeichnung

$$p_1 = \sqrt{\left(\frac{b}{2m}\right)^2 + \Omega^2} > \frac{b}{2m}$$

folgt

$$\lambda_1 = -\frac{b}{2m} + \sqrt{\left(\frac{b}{2m}\right)^2 + \Omega^2} = -\frac{b}{2m} + p_1 = p_1\left(1 - \frac{b}{2mp_1}\right) > 0,$$

$$\lambda_2 = -\frac{b}{2m} - \sqrt{\left(\frac{b}{2m}\right)^2 + \Omega^2} = -\frac{b}{2m} - p_1 = -p_1\left(1 + \frac{b}{2mp_1}\right) < 0.$$

Es gilt

$$\lambda_1 - \lambda_2 = 2p_1, \quad \lambda_1 + \lambda_2 = -\frac{b}{m}, \quad \frac{b}{2mp_1} = \frac{1}{\sqrt{1 + 4m^2\Omega^2/b^2}} < 1.$$

Die allgemeine Lösung der Differemntialgleichung und deren Ableitung sind

$$q = C_1 e^{\lambda_1 t} + C_2 e^{\lambda_2 t}, \qquad \dot{q} = \lambda_1 C_1 e^{\lambda_1 t} + \lambda_2 C_2 e^{\lambda_2 t}.$$

Die reellen Integrationskonstanten C_1 und C_2 werden mit den Anfangsbedingungen $t = 0$, $q(0) = q_0$ und $\dot{q}(0) = v_0$ bestimmt. Man erhält $q_0 = C_1 + C_2$ und $v_0 = \lambda_1 C_1 + \lambda_2 C_2$. Daraus folgt

$$C_1 = -\frac{1}{\lambda_1 - \lambda_2}\left(\lambda_2 q_0 - v_0\right) \quad \rightarrow \quad C_1 = \frac{1}{2}\left[\left(1 + \frac{b}{2mp_1}\right)q_0 + \frac{v_0}{p_1}\right],$$

$$C_2 = \frac{1}{\lambda_1 - \lambda_2}\left(\lambda_1 q_0 - v_0\right) \quad \rightarrow \quad C_2 = \frac{1}{2}\left[\left(1 - \frac{b}{2mp_1}\right)q_0 - \frac{v_0}{p_1}\right].$$

Die Lösung der Differentialgleichung und somit das *Bewegungsgesetz* ist

$$q = \frac{1}{2}\left[\left(1 + \frac{b}{2mp_1}\right)q_0 + \frac{v_0}{p_1}\right]e^{\lambda_1 t} + \frac{1}{2}\left[\left(1 - \frac{b}{2mp_1}\right)q_0 - \frac{v_0}{p_1}\right]e^{\lambda_2 t}, . \qquad (2.24)$$

Das Geschwindigkeits- und das Beschleunigungsgesetz sind

$$\dot{q} = p_1\left\{\frac{1}{2}\left(1 - \frac{b}{2mp_1}\right)\left[\left(1 + \frac{b}{2mp_1}\right)q_0 + \frac{v_0}{p_1}\right]e^{\lambda_1 t}\right.$$
$$\left. -\frac{1}{2}\left(1 + \frac{b}{2mp_1}\right)\left[\left(1 - \frac{b}{2mp_1}\right)q_0 - \frac{v_0}{p_1}\right]e^{\lambda_2 t}\right\} \qquad (2.25)$$

und

$$\ddot{q} = p_1^2\left\{\frac{1}{2}\left(1 - \frac{b}{2mp_1}\right)^2\left[\left(1 + \frac{b}{2mp_1}\right)q_0 + \frac{v_0}{p_1}\right]e^{\lambda_1 t}\right.$$
$$\left. +\frac{1}{2}\left(1 + \frac{b}{2mp_1}\right)^2\left[\left(1 - \frac{b}{2mp_1}\right)q_0 - \frac{v_0}{p_1}\right]e^{\lambda_2 t}\right\} \qquad (2.26)$$

In einem stationären Zustand gilt $\dot{q} = 0$ und $\ddot{q} = 0$.

Aus der Bewegungsdifferentialgleichung folgt, dass $q = 0$ ein stationärer Zustand ist.

Das ist die relative Gleichgewichtslage $q = 0$.

Wegen $\lambda_1 > 0$ gilt $e^{\lambda_1 t} \nearrow \infty$. Daraus folgt $|q| \nearrow \infty$ und $|\dot{q}| \nearrow \infty$.

Somit ist der *stationře Zustand* $q = 0$, $\dot{q} = 0$ *nicht stabil.*

Für die Anfangsbedingungen $q(0) = q_0 > 0$ und $\dot{q}(0) = v_0 = 0$ sowie für den Wert der Dämpfungskonstanten $b = 0,9165\, m\Omega$ wurden die Gesetze (2.24), (2.25) und (2.26) berechnet.

Das Bewegungsdiagramm q/q_0, das Geschwindigkeitsdiagramm $\dot{q}/(q_0 p_1)$ und das Beschleunigungsdiagramm $\ddot{q}/(q_0 p_1^2)$ als Funktionen von $p_1 t$ sind in den Abb 2.29 dargestellt.

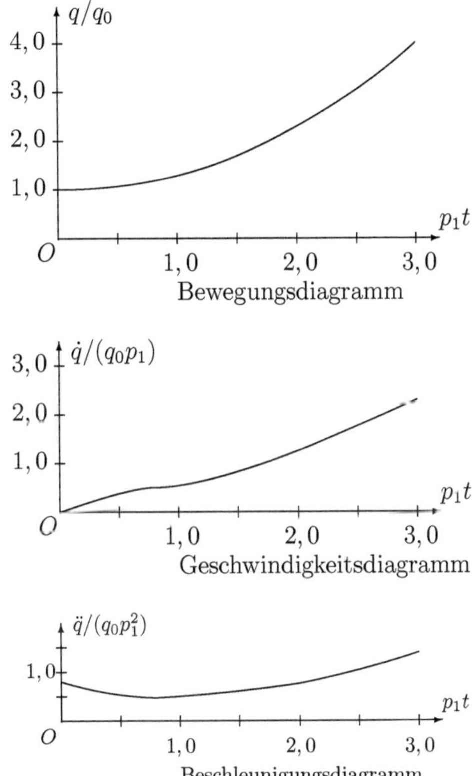

Abbildung 2.29: Bewegungs-, Geschwindigkeits- und Beschleunigungsdiagramm um die instabile relative Gleichgewichtslage $q = 0, \dot{q} = 0$

Mit den Gleichungen (2.24) und (2.25) wurden mit verschiedenen Anfangsbedingungen Phasenkurven in der Phasenebene mit den Koordinatenachsen $q/\hat{q}$ und $\dot{q}/(\hat{q}p_1)$ berechnet und in der Abb. 2.30 dargestellt.

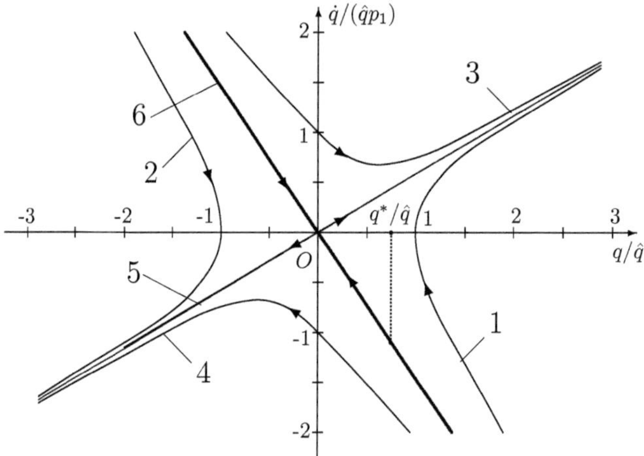

Abbildung 2.30: Phasenkurven um den instabilen singulären Punkt $q = 0$, $\dot{q} = 0$ für das System mit Dämpfung (*Sattelpunkt mit Dämpfung*)

Die Pfeile auf den Phasenkurven zeigen die Richtungen, in welcher sich die Phasenpunkte für steigende Werte des Parameters t entlang der Phasenkurven verschieben.

Die Phasenkurve 1 wurde mit den Anfangsbedingungen $q(0) = q_0 > 0$ und $\dot{q}(0) = 0$ berechnet und der Bezeichnung $\hat{q}$ in der Abbildung entspricht q_0.

Die Phasenkurve 2 wurde mit den Anfangsbedingungen $q(0) = -q_0 < 0$ und $\dot{q}(0) = 0$ berechnet und der Bezeichnung $\hat{q}$ in der Abbildung entspricht q_0.

Die Phasenkurve 3 wurde mit den Anfangsbedingungen $q(0) = 0$ und $\dot{q}(0) = v_0 > 0$ berechnet und der Bezeichnung $\hat{q}$ in der Abbildung entspricht v_0/p_1.

Die Phasenkurve 4 wurde mit den Anfangsbedingungen $q(0) = 0$ und $\dot{q}(0) = -v_0 < 0$ berechnet und der Bezeichnung $\hat{q}$ in der Abbildung entspricht v_0/p_1.

Für Anfangsbedingungen, welche $C_2 = 0$ ergeben, folgt $\frac{v_0}{p_1} = \left(1 - \frac{b}{2mp_1}\right)q_0$ und $C_1 = q_0$.

Weiter gilt

$$q = q_0 e^{\lambda_1 t}, \quad \dot{q} = \lambda_1 q_0 e^{\lambda_1 t} = q_0 p_1 \Big(1 - \frac{b}{2mp_1}\Big) e^{\lambda_1 t} \quad \to \quad \frac{\dot{q}}{q_0 p_1} = \Big(1 - \frac{b}{2mp_1}\Big)\frac{q}{q_0}.$$

Das ist die Gerade 5 in Abb. 2.30, die durch den Phasenpunkt $(0,0)$ hindurchgeht und der Bezeichnung $\hat{q}$ in der Abbildung entspricht q_0.
Für Anfangsbedingungen, welche $C_1 = 0$ ergeben, folgt $\frac{v_0}{p_1} = -\Big(1 + \frac{b}{2mp_1}\Big)q_0$
und $C_2 = q_0$.
Weiter gilt

$$q = q_0 e^{\lambda_2 t}, \quad \dot{q} = \lambda_2 q_0 e^{\lambda_2 t} = -q_0 p_1 \Big(1 + \frac{b}{2mp_1}\Big) e^{\lambda_2 t} \quad \to \quad \frac{\dot{q}}{q_0 p_1} = -\Big(1 + \frac{b}{2mp_1}\Big)\frac{q}{q_0}.$$

Das ist die Gerade 6 in Abb. 2.30, die auch durch den Phasenpunkt $(0,0)$ hindurchgeht und der Bezeichnung $\hat{q}$ in der Abbildung entspricht q_0.
Jede dieser Geraden besteht aus zwei Separatrizen, von denen die zwei Separatrizen auf der Geraden 5 aus dem Nullpunkt entspringen und die zwei Separatrizen auf der Geraden 6 in den Nullpunkt einmünden.
Die Separatrizen die einmünden sind mit dickeren Strichen eingezeichnet. Ihre Gleichung ist $\dot{q}/(q_0 p_1) = -[1 + b/(2mp_1)]q/q_0$.
Es wird die Zeit t berechnet, welche ein Phasenpunkt mit der Lagekoordinate q^*, der sich entsprechend dieser Phasenkurve bewegt, die Lage $q = 0$ erreicht.
Mit $\dot{q} = dq/dt$ folgt

$$dt = -\frac{1}{p_1[1 + b/(2mp_1)]}\frac{dq}{q} \quad \to \quad \int_0^t dt = -\frac{1}{p_1[1 + b/(2mp_1)]}\int_{q^*}^q \frac{dq}{q}$$

$$\to \quad t = -\frac{1}{p_1[1 + b/(2mp_1)]}\ln\Big(\frac{|q|}{|q^*|}\Big) = \frac{1}{p_1[1 + b/(2mp_1)]}\ln\Big(\frac{|q^*|}{|q|}\Big)$$

Der Annäherungen eines Phasenpunktes zum Nullpunkt auf dieser Geraden, d. h. $|q| \to 0$, entspricht $t \nearrow \infty$ und zeigt das asymptotische Verhalten entlang dieser Separatrizen.
Die anderen Phasenkurven entfernen sich vom singulären Punkt $(0,0)$, der somit instabil ist.
Dieser *instabile singuläre Punkt* wird *Sattelpunkt* genannt.

2.5.2   Bilanzgleichung

Die Differentialgleichung (2.23) wird mit dq multpliziert,

$$m\ddot{q} \cdot dq - m\Omega^2 q \cdot dq = -b\dot{q} \cdot dq$$

Die Berücksichtigung der Zusammenhänge

$$\ddot{q} \cdot dq = \frac{d\dot{q}}{dt} \cdot dq = d\dot{q} \cdot \frac{dq}{dt} = d\dot{q} \cdot \dot{q} = d\left(\frac{1}{2}\dot{q}^2\right), \qquad q \cdot dq = d\left(\frac{1}{2}q^2\right),$$

$$\dot{q} \cdot dq = \dot{q} \cdot \frac{dq}{dt} \cdot dt = \dot{q}^2 dt$$

ergibt

$$d\left(\frac{1}{2}m\dot{q}^2\right) - d\left(\frac{1}{2}m\Omega^2 q^2\right) = -b\dot{q}^2 dt.$$

Das ist die Differentialform der Bilanzgleichung.
Die Integralform der Bilanzgleichung erhält man durch Integration.
Mit den Anfangsbedingungen $t = 0$, $q(0) = q_0$ und $\dot{q}(0) = v_0$ erhält man

$$\frac{1}{2}m\dot{q}^2 - \frac{1}{2}m\Omega^2 q^2 - \left[\frac{1}{2}mv_0^2 - \frac{1}{2}m\Omega^2 q_0^2\right] = -b \int_0^t \dot{q}^2 dt$$

Mit $\dot{q} = \lambda_1 C_1 e^{\lambda_1 t} + \lambda_2 C_2 e^{\lambda_2 t}$ wird die rechte Seite, das ist die *Arbeit der Dämpfungskraft*, berechnet,

$$A = -b \int_0^t \dot{q}^2 dt$$

$$= -b\left(\lambda_1^2 C_1^2 \int_0^t e^{2\lambda_1 t} dt + 2\lambda_1\lambda_2 C_1 C_2 \int_0^t e^{(\lambda_1+\lambda_2)t} dt + \lambda_2^2 C_2^2 \int_0^t e^{2\lambda_2 t} dt\right),$$

$$= -b\left[\frac{1}{2}\lambda_1 C_1^2\left(e^{2\lambda_1 t}-1\right)+2\lambda_1\lambda_2 C_1 C_2 \frac{1}{\lambda_1 + \lambda_2}\left(e^{(\lambda_1+\lambda_2)t}-1\right)+\frac{1}{2}\lambda_2 C_2^2\left(e^{2\lambda_2 t}-1\right)\right].$$

Somit ist die Integralform der *Bilanzgleichung*

$$\frac{1}{2}m\dot{q}^2 - \frac{1}{2}m\Omega^2 q^2 - \left[\frac{1}{2}mv_0^2 - \frac{1}{2}m\Omega^2 q_0^2\right] + b\left[\frac{1}{2}\lambda_1 C_1^2\left(e^{2\lambda_1 t} - 1\right)\right.$$

$$\left. + \frac{2\lambda_1\lambda_2}{\lambda_1 + \lambda_2}C_1 C_2\left(e^{(\lambda_1+\lambda_2)t} - 1\right) + \frac{1}{2}\lambda_2 C_2^2\left(e^{2\lambda_2 t} - 1\right)\right] = 0. \qquad (2.27)$$

Mit dem nummerischen Wert $b = 0,9165\,m\Omega$ erhält man mit den Anfangsbedingungen $q(0) = q_0$ und $\dot{q} = v_0 = 0$ und zum Zeitpunkt $p_1 t = 1,0$

$$q = 1,3398 q_0, \quad \dot{q} = 0,6404 q_0 p_1, \quad \ddot{q} = 0,5738 q_0 p_1^2,$$

$$p_1 = 1,1000\,\Omega, \qquad b/(m\Omega^2) = 1,0081/p_1,$$

$$\lambda_1 = 0,5834 p_1, \quad \lambda_2 = -1,4166 p_1, \quad C_1 = 0,7083 q_0, \quad C_2 = 0,2917 q_0,$$

$$e^{2\lambda_1 t} = 3,2117, \quad e^{(\lambda_1 + \lambda_2)t} = 0,4347, \quad e^{2\lambda_2 t} = 0,0588.$$

Mit diesen Werten wird das *Residuum* $\mathcal{R}$ der Differentialgleichung (2.23) ermittelt,

$$\mathcal{R}(p_1 t) = m\ddot{q} + b\dot{q} - m\Omega^2 q.$$

Diese Gleichung wird durch $m\Omega^2$ geteilt.

Durch einsetzen der Werte erhält man

$$\frac{1}{m\Omega^2}\mathcal{R}(p_1 t)$$

$$= \frac{1,2100}{p_1^2} \cdot 0,5738 q_0 p_1^2 + \frac{1,0081}{p_1} \cdot 0,6404 q_0 p_1 - 1,3398 q_0 = 8,52 \cdot 10^{-5} q_0.$$

Dieses kleine Residuum ist auf Rundungsfehler zurückzuführen.

Mit diesen Werten wird auch die *Abweichung* $\mathcal{B}$ der Bilanzgleichung (2.27) ermittelt.

Diese Gleichung wird durch $m\Omega^2$ geteilt.

Durch einsetzen der Werte erhält man die Abweichung B

$$\frac{1}{m\Omega^2}\mathcal{B} = \frac{1}{2} \cdot \frac{1,2100}{p_1^2} \cdot (0,6404 q_0 p_1)^2 - \frac{1}{2} \cdot (1,3398 q_0)^2 + \frac{1}{2} \cdot q_0^2$$

$$+ \frac{1,0081}{p_1} \cdot (0,3237 - 0,2317 + 0,0567)p_1 q_0^2 = 4,90 \cdot 10^{-4} \cdot q_0^2.$$

Diese kleine Abweichung ist auf Rundungsfehler zurückzuführen.

2.6   Lineares System mit instabilem stationären Zustand und Reibung

Das System in der Abbildung 2.31 besteht aus einem horizontal angeordneten Rohr, welches sich um die vertikale Achse z_1 dreht. Im Rohr kann sich ein Körper von der Masse m und dem Schwerpunkt in S bewegen. Die Lage des Körpers im Rohr ist durch die Länge q bestimmt. Das Rohr dreht sich mit der konstanten Winkelgeschwindigkeit $\dot{\varphi} = \Omega$. Es wird angenommen, dass die seitlichen Kontaktflächen zwischen Körper und Rohr glatt sind und dass zwischen Körper und unterer Kontaktfläche Reibungskräfte wirken. Der Gleitreibungskoefizient ist μ und der Haftreibungskoeffizient ist $\mu_0 > \mu$. Die *Gleitreibungskraft* $F_g \mathrm{sign}(\dot{q})$ mit $F_g = \mu \cdot mg$ und der *maximale* Wert der *Haftreibungskraft* $F_{h\,max} = \mu_0 \cdot mg > F_g$ sind somit *konstant*.

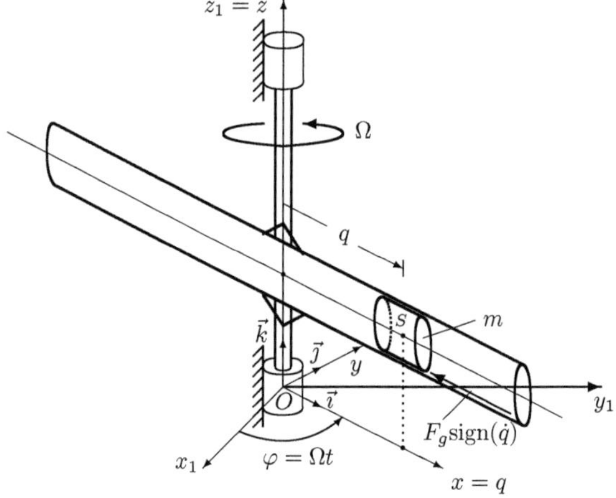

Abbildung 2.31: Körper mit Reibung im horizontalen Rohr mit vertikaler Drehachse

2.6.1   Bewegungsdifferentialgleichung, stationärer Zustand und allgemeine Lösung

Das System hat einen Freiheitsgrad q und $\varphi = \Omega t$ ist eine *zeitabhängige (rheonome) Bindung* [12].
Die Vektoren werden in Bezug auf das körperfeste Koordinatensystem $xOyz$ mit den Einsvektoren $\vec{\imath}$, $\vec{\jmath}$ und $\vec{k}$ ausgedrückt.

Die Bewegungsdifferentialgleichung wird mit dem *Impulssatz in der D'Alembert'schen Form* bestimmt.

Auf den Körper im Rohr wirkt als eingeprägte Kraft das Gewicht $\vec{G} = -mg\,\vec{k}$ und die Gleitreibungskraft $-F_g\mathrm{sign}(\dot{q})\,\vec{\imath}$.

Reaktionskräfte sind die Komponenten F_{Ny} und F_{Nz} der *Normalreaktion*.

Zur Bestimmung der Komponenten der Trägheitkräfte werden die Geschwindigkeits- und Beschleunigungskomponenten des Körpers in der geradlinigen Relativbewegung $q = q(t)$ und der gleichförmigen Drehung mit der Winkelgeschwindigkeit $\dot{\varphi} = \Omega$ der Führungsbewegung ausgedrückt.

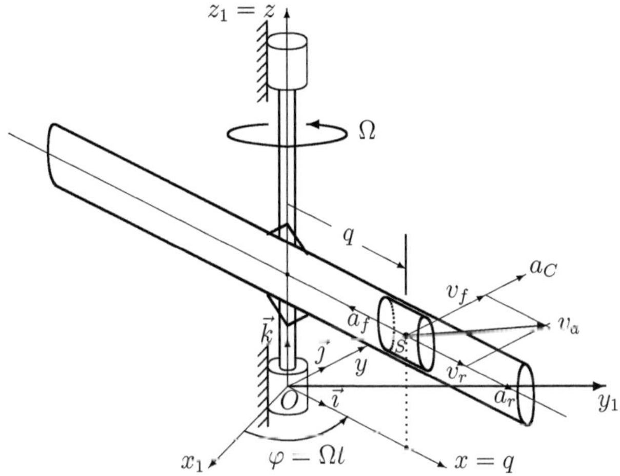

Abbildung 2.32: Geschwindigkeiten und Beschleunigungen des Körpers im Rohr

Für die Geschwindigkeiten und *Beschleunigungen* in Abb. 2.32 gilt

$$\vec{v}_a = \vec{v}_r + \vec{v}_f, \qquad \vec{v}_r = \dot{q}\vec{\imath}, \qquad \vec{v}_f = \Omega q \vec{\jmath},$$

$$\vec{a} = \vec{a}_r + \vec{a}_f + \vec{a}_C, \quad \vec{a}_r = \ddot{q}\,\vec{\imath}, \quad \vec{a}_f = -\Omega^2 q\,\vec{\imath}, \quad \vec{a}_C = 2(\Omega\vec{k}) \times \vec{v}_r = 2\Omega\dot{q}\,\vec{\jmath}.$$

Wegen der Drehung mit konstanter Winkelgeschwindigkeit Ω ist die Tangentialkomponente der Führungsbeschleunigung gleich mit null.

Die entsprechenden Komponenten der *Trägheitskräfte* sind

$$\vec{F}_r = -m\vec{a}_r = -m\ddot{q}\,\vec{\imath}, \quad \vec{F}_f = -m\vec{a}_f = m\Omega^2 q\,\vec{\imath}, \quad \vec{F}_C = -m\vec{a}_C = -2m\Omega\dot{q}\,\vec{\jmath}.$$

Die Trägheitskraft F_f durch die Führungsbewegung ist die *Fliehkraft*.

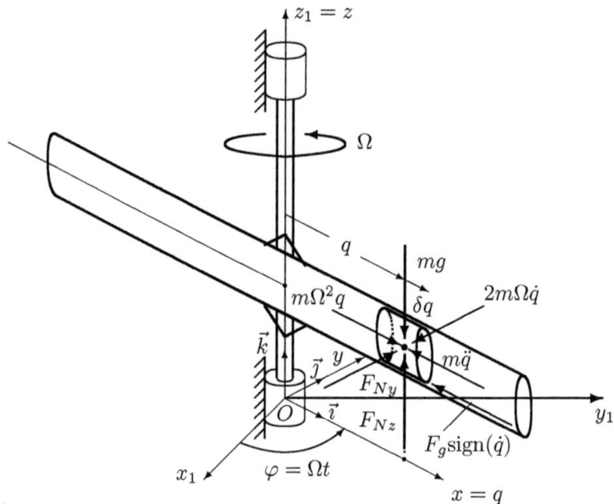

Abbildung 2.33: Kräfte, die auf den Körper im Rohr wirken

Diese Komponenten und auch die anderen Kräfte sind in der Abb 2.33
eingezeichnet.

Die Gleichgewichtsbedingungen dieser Kräfte sind:

$$\sum F_{ix} = -m\ddot{q} + m\Omega^2 q - F_g\mathrm{sign}(\dot{q}) = 0,$$

$$\sum F_{iy} = -2m\Omega\dot{q} + F_{Ny} = 0, \qquad \sum F_{iz} = -mg + F_{Nz} = 0.$$

Aus der ersten dieser Gleichungen erhält man die *Bewegungsdifferentialglei-chung*

$$m\ddot{q} - m\Omega^2 q = -F_g\mathrm{sign}(\dot{q}).$$

Aus der dritten Gleichung erhält man $F_{Nz} = mg$ und aus dem Reibungsge-setz folgt $F_g = \mu F_{Nz} = \mu mg$ bzw. $F_{h\,max} = \mu_0 F_{Nz} = \mu_0 mg$.

Die Bewegungsdifferentialgleichung kann auch mit der *Lagrange'schen Glei-chung* zweiter Art bestimmt werden. Diese Gleichung ist

$$\frac{d}{dt}\left(\frac{\partial E_k}{\partial \dot{q}}\right) - \frac{\partial E_k}{\partial q} + \frac{\partial E_p}{\partial q} = Q^{(nk)}.$$

Die Abb. 2.32 zeigt die Geschwindigkeitskomponenten des Schwerpunktes
S des Körpers. Die Relativgeschwindigkeit der Masse m im Rohr ist $v_r = \dot{q}$
und die Führungsgeschwindigkeit ist $v_f = \Omega \cdot q$. Diese Geschwindigkeits-komponenten sind aufeinander senkrecht und die absolute Geschwindigkeit

folgt aus $v_a^2 = v_r^2 + v_f^2 = \dot{q}^2 + \Omega^2 q^2$. Somit ist die kinetische Energie des Körpers

$$E_k = \frac{1}{2} m v_a^2 = \frac{1}{2} m(\dot{q}^2 + \Omega^2 q^2).$$

Die Abb. 2.33 zeigt auch die eingeprägte konservative Kraft mg, die auf den Körper wirkt. Das Potential der Gewichtskraft mg der Masse m, deren Angriffspunkte sich in einer horizontalen Ebene bewegt, ist konstant und wird gleich null angenommen. Somit ist das Potential des Systems $E_p = 0$. Auf das System wirkt als eingeprägte nichtkonservative Kraft die Gleitreibungskraft $F_g \text{sign}(\dot{q})$.

Die virtuelle Arbeit dieser Kraft bei einer virtuellen Verschiebung δq ist $\delta A = -F_g \text{sign}(\dot{q}) \delta q = Q^{(nk)} \cdot \delta q$ und somit gilt $Q^{(nk)} = -F_g \text{sign}(\dot{q})$.

Die Ableitungen zur Bildung der Lagrange'schen Gleichung sind

$$\frac{\partial E_k}{\partial q} = m\Omega^2 q, \quad \frac{\partial E_k}{\partial \dot{q}} = m\dot{q}, \quad \frac{d}{dt}\left(\frac{\partial E_k}{\partial \dot{q}}\right) = m\ddot{q}, \quad \frac{\partial E_p}{\partial q} = 0.$$

In die Lagrange'sche Gleichung eingesetzt erhält man die gleiche *Bewegungsdifferentialgleichung*

$$m\ddot{q} - m\Omega^2 q = -F_g \text{sign}(\dot{q}). \tag{2.28}$$

Mit dem Lösungsansatz $q = Ce^{\lambda t}$ für die homogenen Differentialgleichung $m\ddot{q} - m\Omega^2 q = 0$ erhält man die charakteristische Gleichung und ihre Lösungen

$$m\lambda^2 - m\Omega^2 = 0 \quad \rightarrow \quad \lambda^2 = \Omega^2 \quad \rightarrow \quad \lambda_1 = \Omega, \quad \lambda_2 = -\Omega.$$

Die allgemeine Lösung der homogenen Differentialgleichung ist

$$q_{ho} = C_1 e^{\lambda_1 t} + C_2 e^{\lambda_2 t} = C_1 e^{\Omega t} + C_2 e^{-\Omega t}.$$

Die partikuläre Lösung $q_p = konst$ der nichthomogenen Differentialgleichung ist mit der Bezeichnung $r = F_g/(m\Omega^2)$

$$-m\Omega^2 q_p = -F_g \cdot \text{sign}(\dot{q}) \quad \rightarrow \quad q_p = \frac{F_g}{m\Omega^2} \cdot \text{sign}(\dot{q}) = r \cdot \text{sign}(\dot{q}).$$

Somit ist die allgemeine Lösung der nichthomogenen Differentialgleichung (2.28) und ihre erste und zweite Ableitung

$$q = C_1 e^{\Omega t} + C_2 e^{-\Omega t} + r \cdot \text{sign}(\dot{q}),$$

$$\dot{q} = \Omega(C_1 e^{\Omega t} - C_2 e^{-\Omega t}), \quad \ddot{q} = \Omega^2(C_1 e^{\Omega t} + C_2 e^{-\Omega t}) = \Omega^2\big[q - r \cdot \text{sign}(\dot{q})\big].$$

Wegen der unstetigen Funktion $\text{sign}(\dot{q})$, die in den Lagen mit $\dot{q} = 0$ das Vorzeichen wechselt, werden die Berechnungen in Phasen mit positiver oder negativer Geschwindigkeit mit jeweils neuen Anfangslagen und $\dot{q}(0) = 0$ durchgeführt. (*Anstückelungsverfahren*)

In einem stationären Zustand des Systems ohne Reibung gilt $\dot{q} = 0$ und $\ddot{q} = 0$. Daraus folgt, dass $q = 0$ ein *stationären Zustand* also eine *relative Gleichgewichtslage* ist.

In den Zuständen mit $\dot{q} = 0$ wirkt anstelle der Gleitreibungskraft eine Haftreibungskraft F_h. Das ist eine Reaktionskraft, welche der Verlagerungstendenz, die dem System durch die Fliehkraft $m\Omega^2 q$ aufgezwungen wird, entgegengesetzt ist.

Die Haftreibungskraft kann den maximalen Wert $F_{hmax} = \mu_0\, mg$ nicht überschreiten.

Um die Gleichgewichtslage $q = 0$ bildet sich ein *Gleichgewichtsbereich*.

Innerhalb dieses Bereiches gilt $|m\Omega^2 q| < F_{hmax}$.

Die Grenzen dieses Gleichgewichtsbereiches erhält man aus der Gleichgewichtsbedingung $|m\Omega^2 q| = F_{hmax}$ mit den Lösungen $q = r_0 = F_{hmax}/(m\Omega^2)$ und $q = -r_0 = -F_{hmax}/(m\Omega^2)$.

Die Abb. 2.34 zeigt diese Kräfte und den Bereich $(-r_0,\, r_0)$, in welchem die Fliehkraft $m\Omega^2 q$ kleiner ist als die maximale Haftreibungskraft und den Bereich $(-r,\, r)$, in welchem die Fliehkraft kleiner ist als die Gleitreibungskraft.

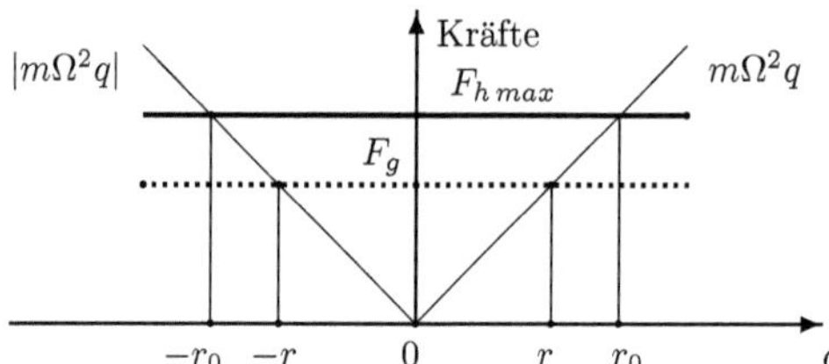

Abbildung 2.34: Kräfte und Gleichgewichtsbereich

Für die Zustände mit $\dot{q} = 0$ bildet sich um die Gleichgewichtslage $q = 0$ der Gleichgewichtsbereich $(-r_0, r_0)$.

2.6.2 Bewegungs-, Geschwindigkeits- und Beschleunigungsgesetz für das System mit Reibung

Mit den Anfangsbedingungen $q(0) = q_0$ und $\dot{q}(0) = v_0$ gilt in einem Bereich, in welchem $\dot{q}$ das gleiche Vorzeichen hat wie $\dot{q}(0) = v_0$,

$$q_0 = C_1 + C_2 + r \cdot \text{sign}(v_0), \qquad v_0 = \Omega(C_1 - C_2)$$

und somit

$$C_1 = \frac{1}{2}\Big[q_0 + \frac{v_0}{\Omega} - r \cdot \text{sign}(v_0)\Big], \quad C_2 = \frac{1}{2}\Big[q_0 - \frac{v_0}{\Omega} - r \cdot \text{sign}(v_0)\Big].$$

Wenn das *Bewegungsgesetz* noch durch r geteilt wird, dann erhält man

$$\frac{q}{r} = \frac{1}{2}\Big[\frac{q_0}{r} + \frac{v_0}{r\Omega} - \text{sign}(v_0)\Big]e^{\Omega t} + \frac{1}{2}\Big[\frac{q_0}{r} - \frac{v_0}{r\Omega} - \text{sign}(v_0)\Big]e^{-\Omega t} + \text{sign}(v_0).$$

Durch Ableitung folgt das Geschwindigkeitsgesetz

$$\frac{\dot{q}}{r\Omega} = \frac{1}{2}\Big[\frac{q_0}{r} + \frac{v_0}{r\Omega} - \text{sign}(v_0)\Big]e^{\Omega t} - \frac{1}{2}\Big[\frac{q_0}{r} - \frac{v_0}{r\Omega} - \text{sign}(v_0)\Big]e^{-\Omega t}$$

und das Beschleunigungsgesetz

$$\frac{\ddot{q}}{r\Omega^2} = \frac{1}{2}\Big[\frac{q_0}{r} + \frac{v_0}{r\Omega} - \text{sign}(v_0)\Big]e^{\Omega t} + \frac{1}{2}\Big[\frac{q_0}{r} - \frac{v_0}{r\Omega} - \text{sign}(v_0)\Big]e^{-\Omega t} = \frac{q}{r} - \text{sign}(v_0).$$

Für die nummerischen Rechnungen gilt für die Reibparameter $r_0 = 1,5\,r$.
Für die Anfangslage $q(0)/r = q_0/r = -2,20$ und mit den Anfangsgeschwindigkeiten $\dot{q}(0)/(r\Omega) = v_0/(r\Omega) = 3,40;\ 3,10$ und $2,25$ sind in der Abb. 2.35 das Bewegungsdiagramm, das Geschwindigkeitsdiagramm und das Beschleunigungsdiagramm dargestellt.
Die Bewegung, die punktiert dargestellt ist, beginnt außerhalb des Gleichgewichtsbereiches $(-r_0, r_0)$ mit der Geschwindigkeit $v_0/(r\Omega) = 2,25$ und kommt in der Lage $q/r = -1,2754$ zum Stillstand.
In dieser Lage ist die Fliehkraft $m\Omega^2 q$ kleiner als die maximale Haftreibungskraft $F_{h\,max} = cr_0$ aber größer als die Gleitreibungskraft $F_g = cr$.
Das System verbleibt in dieser Lage.

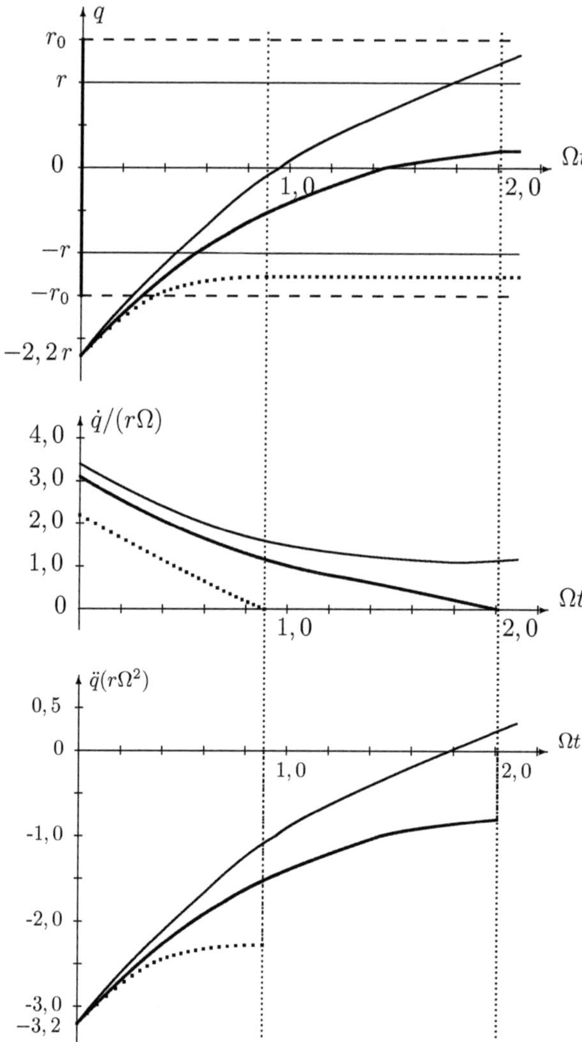

Abbildung 2.35: Bewegungs-, Geschwindigkeits- und Beschleunigungsdiagramm für das System mit Reibung

Die Bewegung mit der Anfangsgeschwindigkeit $v_0/(r\Omega) = 3,10$, die mit dickem Strich dargestellt ist, kommt in der Lage $q/r = 0,2063$ zum Stillstand. In dieser Lage ist die Fliehkraft $m\Omega^2 q$ kleiner als die maximale Haftreibungskraft $F_{h\,max} = cr_0$ und das System verbleibt in dieser Lage.

Die Bewegung mit der Anfangsgeschwindigkeit $v_0/(r\Omega) = 3,40$, die mit dünnem Strich dargestellt ist, durchläuft den Gleichgewichtsbereich und entfernt sich mit steigender Geschwindigkeit von diesem Bereich.

Das Beschleunigungsdiagramm zeigt, dass wenn das System innerhalb des Gleichgewichtsbereiches zum Stillstand kommt, dann verändert sich die *Beschleunigung sprunghaft* auf null (punktierte Linie und Linie mit dickem Strich).

Diese Bewegungs- und Geschwindigkeitsdiagramme sind in der Abb. 2.36 als Phasenkurven dargestellt.

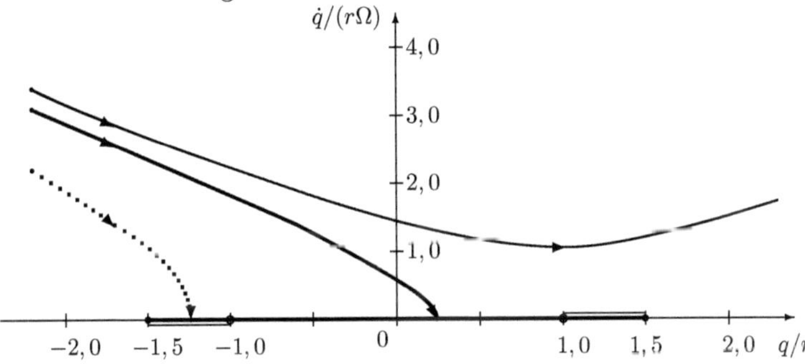

Abbildung 2.36: Phasenkurven mit den Bewegungs- und Geschwindigkeitsgesetzen in Abb. 2.35

2.6.3 Bilanzgleichung und Phasenkurven für das System mit Reibung

Die Bewegungsdifferentialgleichung wird mit dq multipliziert und mit

$$\ddot{q} \cdot dq = \frac{d\dot{q}}{dt} \cdot dq = d\dot{q} \cdot \frac{dq}{dt} = d\dot{q} \cdot \dot{q} = d\left(\frac{1}{2}\dot{q}^2\right), \qquad q \cdot dq = d\left(\frac{1}{2}q^2\right)$$

erhält man

$$d\left(\frac{1}{2}m\dot{q}^2\right) - d\left(\frac{1}{2}m\Omega^2 q^2\right) = -F_g \, \text{sign}(\dot{q}) \cdot dq.$$

Hier ist $-F_g \, \text{sign}(\dot{q}) \cdot dq$ die infinitesimale *Arbeit der Gleitreibung*.

Das ist die Differentialform der Bilanzgleichung.

Die Integralform der Bilanzgleichung erhält man durch Integration. Mit den Anfangsbedingungen $t = 0$, $q(0) = q_0$ und $\dot{q}(0) = v_0$ erhält man

$$\frac{1}{2}m\dot{q}^2 - \frac{1}{2}m\Omega^2 q^2 - \left(\frac{1}{2}mv_0^2 - \frac{1}{2}m\Omega^2 q_0^2\right) = -F_g \cdot (q - q_0) \cdot \mathrm{sign}(\dot{q}). \quad (2.29)$$

Wegen der unstetigen Funktion $\mathrm{sign}(\dot{q})$, die in den Lagen mit $\dot{q} = 0$ das Vorzeichen wechselt, werden die Berechnungen in Phasen mit positiver oder negativer Geschwindigkeit mit jeweils neuen Anfangslagen und $\dot{q}(0) = 0$ durchgeführt. (*Anstückelungsverfahren*)

Mit der Bezeichnung $r = F_g/m\Omega^2$ wird diese Bilanzgleichung wie folgt geschrieben:

$$\frac{1}{2}\left(\frac{\dot{q}}{\Omega}\right)^2 - \frac{1}{2}q^2 - \left[\frac{1}{2}\left(\frac{v_0}{\Omega}\right)^2 - \frac{1}{2}q_0^2\right] = -r \cdot (q - q_0) \cdot \mathrm{sign}(\dot{q})$$

Durch r geteilt erhält man die *Bilanzgleichung* in dimensionloser Form

$$\frac{1}{2}\left(\frac{\dot{q}}{r\Omega}\right)^2 - \frac{1}{2}\left(\frac{q}{r}\right)^2 - \left[\frac{1}{2}\left(\frac{v_0}{\Omega}\right)^2 - \frac{1}{2}\left(\frac{q_0}{r}\right)^2\right] = -\left(\frac{q}{r} - \frac{q_0}{r}\right) \cdot \mathrm{sign}(\dot{q}).$$

Das ist auch die Gleichung der *Phasenkurven* in einer Phasenebene mit den dimensionslosen Koordinatenachsen q/r und $\dot{q}/(r\Omega)$.

Die Abb. 2.37 zeigt einige Phasenkurven, die in den Gleichgewichtsbereich $(-r_0, r_0)$ einmünden, den Gleichgewichtsbereich durchlaufen oder außerhalb des Gleichgewichtsbereiches verlaufen. Wegen $r_0 = 1,5\,r$ entspricht diesem Bereich in der Phasenebene mit der Abszissenachse q/r der Bereich $(-1,5;\ 1,5)$.

Mit dickem Strich sind die Phasenkurven eingezeichnet, welche mit positiver Geschwindigkeit in die Gleichgewichtslagen $-1,5$ und 1 und mit negativer Geschwindigkeit in die Gleichgewichtslagen -1 und $1,5$ einmünden.

Diese Phasenkurven sind *Grenzkurven*, welche die Phasenkurven trennen, die mit positiver oder negativer Geschwindigkeit in den Gleichgewichtsbereich einmünden.

Mit punktiertem Strich sind die Phasenkurven eingezeichnet, die in die relativen Gleichgewichtslagen $q = -r$ und $q = r$ einmünden.

Die Phasenkurven mit dünnen Strichen zwischen den Grenzkurven sind Bewegungen, die innerhalb des Gleichgewichtsbereiches zum Stillstand kommen.

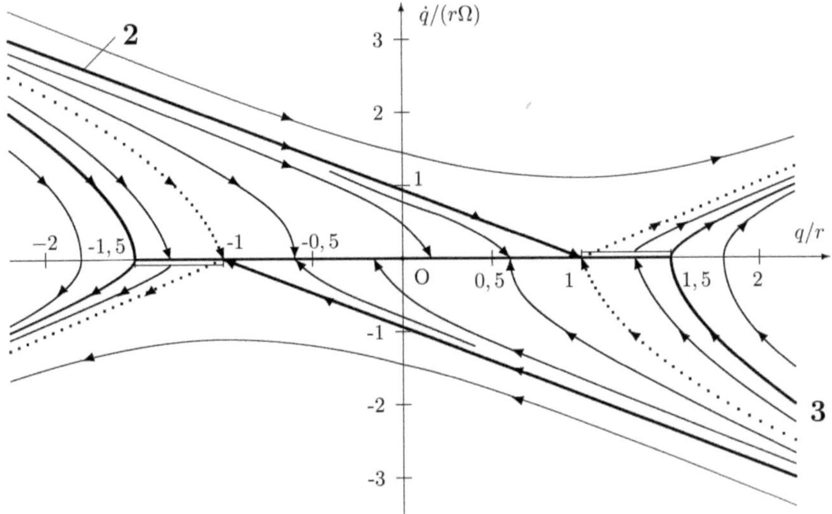

Abbildung 2.37: Phasenkurven um den Gleichgewichtsbereich durch Reibung $(-1,5;\ 1,5)$ um den instabilen stationären Zustand $q = 0$, $\dot{q} = 0$

Die relativen Gleichgewichtslagen innerhalb des Gleichgewichtsbereiches unterscheiden sich durch das Verhalten des Körpers auf Veränderungen der Anfangsbedingungen mit Anfangslagen innerhalb des Gleichgewichtsbereiches durch kleine positive oder negative Anfangsgeschwindigkeiten.

Die Abb. 2.38 zeigt qualitativ zum Vergleich den Anfangsverlauf von Phasenkurven für verschiedene Anfangslagen mit unterschiedlichen Anfangsgeschwindigkeiten, die in der Abb. 2.38 mit kleinen Kreisen gekennzeichnet sind.

Die Anfangsbedingung a entspricht einer Gleichgewichtslage.

Die Anfangsbedingung a_p entspricht der gleichen Anfangslage a mit einer kleinen positiven Anfangsgeschwindigkeit. Die Phasenkurve der entsprechenden Bewegung zeigt, dass sich der Körper in eine benachbarte Gleichgewichtslage in die positive Richtung verschiebt.

Die Anfangsbedingung a_n entspricht der gleichen Anfangslage a mit einer kleinen negativen Anfangsgeschwindigkeit. Die Phasenkurve der entsprechenden Bewegung zeigt, dass sich der Körper in eine benachbarte Gleichgewichtslage in die negative Richtung verschiebt.

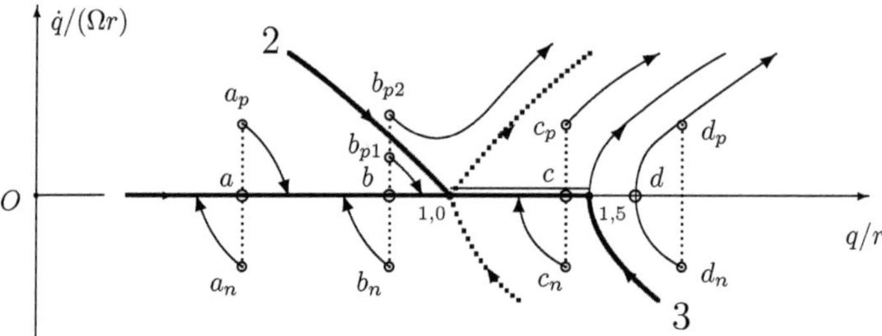

Abbildung 2.38: Phasenkurven für verschiedene Anfangsbedingungen o in der Umgebung des Abschnittes zwischen $q/r = 1$ und $q/r = r_0/r = 1,5$

Die Anfangsbedingung b entspricht einer Gleichgewichtslage.

Die Anfangsbedingung b_n entspricht der gleichen Anfangslage b mit einer kleinen negativen Anfangsgeschwindigkeit. Die Phasenkurve der entsprechenden Bewegung zeigt, dass sich der Körper in eine benachbarte Gleichgewichtslage in die negative Richtung verschiebt.

Die Anfangsbedingung b_{p1} entspricht der gleichen Anfangslage b mit einer kleinen positiven Anfangsgeschwindigkeit, so dass der Anfangsphasenpunkt die Grenzkurve 2 nicht überschreitet. Die Phasenkurve der entsprechenden Bewegung zeigt, dass sich der Körper in eine benachbarte Gleichgewichtslage in die positive Richtung verschiebt.

Die Anfangsbedingung b_{p2} entspricht der gleichen Anfangslage b mit einer positiven Anfangsgeschwindigkeit, so dass der Anfangsphasenpunkt die Grenzkurve 2 überschreitet. Die Phasenkurve der entsprechenden Bewegung zeigt, dass sich der Körper von diesem Gleichgewichtsbereich entfernt.

Die Anfangsbedingung c entspricht einer Gleichgewichtslage in dem Abschnitt, in welchem die Fliehkkraft größer ist als die Beträge der Gleireibungskraft aber kleiner ist als die maximale Haftreibungskraft. Deshalb wird sich der Körper nach dem Stillstand nicht weiter bewegen.

Die Anfangsbedingung c_n entspricht der gleichen Anfangslage c mit einer kleinen negativen Anfangsgeschwindigkeit. Die Phasenkurve der entsprechenden Bewegung zeigt, dass sich der Körper in eine benachbarte Gleichgewichtslage in die negative Richtung verschiebt.

Die Anfangsbedingung c_p entspricht der gleichen Anfangslage c mit einer positiven Anfangsgeschwindigkeit. Die Phasenkurve der entsprechenden Bewegung zeigt, dass sich der Körper von diesem Gleichgewichtsbereich entfernt.

Die Anfangsbedingung d_n mit einer Anfangslage außerhalb des Gleichgewichtsbereiches und einer kleinen negativen Anfangsgeschwindigkeit führt auf eine Bewegung in die negative Richtung bis zu einem Umkehrpunkt. Danach bewegt sich der Körper in die positive Richtung.

In der Anfangslage d außerhalb des Gleichgewichtsbereiches, ist der Betrag der Fliehkkraft sowohl größer als der Betrag der Gleitreibungskraft als auch größer als die maximale Haftreibungskraft. Die Bewegung startet in die positive Richtung und entfernt sich vom Gleichgewichtsbereich.

Die Anfangsbedingung d_p mit einer Anfangslage außerhalb des Gleichgewichtsbereiches und einer kleinen positiven Anfangsgeschwindigkeit führt auf eine Bewegung in die positive Richtung.

Ein analoges Verhalten gibt es auch für Anfangslagen im Abschnitt $q/r \in (-1,5, -1)$ mit entgegengesetzten Vorzeichen.

2.7 Stationäre Zustände eines Körpers in einer Drehscheibe

Die Scheibe in der Abb.2.39 dreht sich mit der konstanten Winkelgeschwindigkeit Ω in einer horizontalen Ebene um die vertikale Achse Oz, die senkrecht auf die Zeichenebene und zum Betrachter hin orientiert ist. In einem Kanal entlang einer Sehne im Abstand h von der Drehachse O kann sich ein punktförmiger Körper von der Masse m und dem Schwerpunkt in S bewegen. Die Lage des Körpers ist durch die Relativkoordinate q bestimmt. Der Körper ist durch eine Feder mit der Federkonstanten c, welche in der Lage $q = 0$ unverformt ist, mit die Scheibe verbunden.

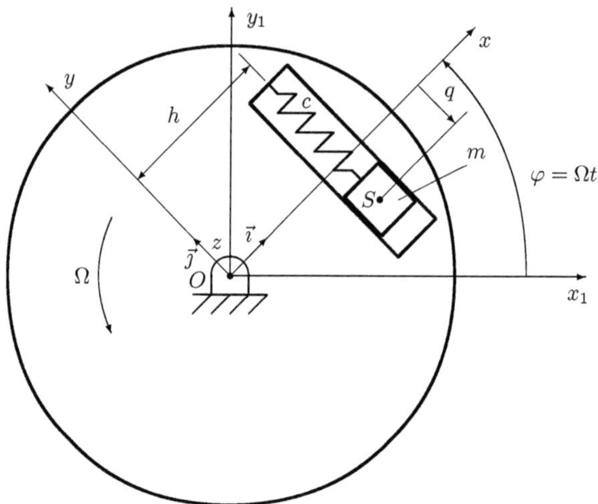

Abbildung 2.39: Körper in einer Drehscheibe

2.7.1 Bestimmung der Bewegungsdifferentialgleichung

Das System hat einen Freiheitsgrad q und $\varphi = \Omega t$ ist eine *zeitabhängige (rheonome) Bindung* [12].

Die Bewegungsdifferentialgleichung wird mit der *Lagrange'sche Gleichung* zweiter Art bestimmt,

$$\frac{d}{dt}\left(\frac{\partial E_k}{\partial \dot{q}}\right) - \frac{\partial E_k}{\partial q} + \frac{\partial E_p}{\partial q} - Q^{(nk)} = 0.$$

Hier sind E_k die kinetische Energie des Körpers, E_p ist das Potential der konservativen Kräfte und $Q^{(nk)}$ ist die verallgemeinerte Kraft der nichtkonservativen Kräfte.

In der Abb 2.40 sind die Geschwindigkeiten des Schwerpunktes S eingezeichnet.

Die Relativgeschwindigkeit $\vec{v}_r$ und die Führungsgeschwindigkeit $\vec{v}_f$ sind mit $OS = r = \sqrt{q^2 + h^2}$ sowie mit $\sin(\alpha) = q/r$ und $\cos(\alpha) = h/r$ gleich mit

$$\vec{v}_r = -\dot{q}\vec{j}, \quad \vec{v}_f = r\Omega \cdot \sin(\alpha) \cdot \vec{i} + r\Omega \cdot \cos(\alpha) \cdot \vec{j} = q\Omega \cdot \vec{i} + h\Omega \cdot \vec{j}.$$

Somit gilt für die absolute Geschwindigkeit v_a

$$v_a^2 = (-\dot{q} + q\Omega)^2 + (h\Omega)^2 = \dot{q}^2 + (q^2 + h^2)\Omega^2 - 2\dot{q} \cdot q\Omega$$

und für die kinetische Energie E_k

$$E_k = \frac{1}{2}mv_a^2 = \frac{1}{2}m\left[\dot{q}^2 + (q^2 + h^2)\Omega^2 - 2\dot{q} \cdot q\Omega\right].$$

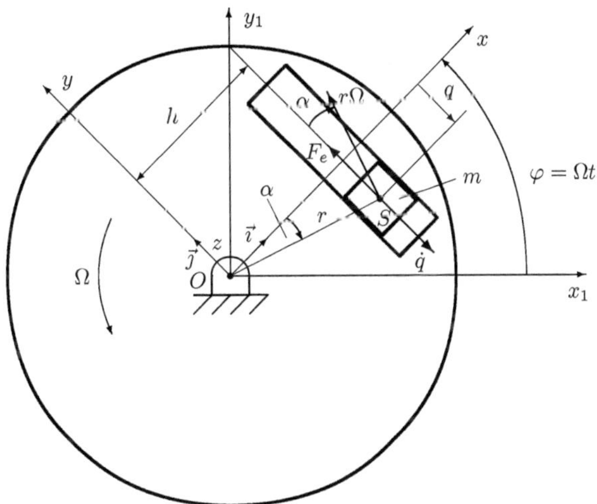

Abbildung 2.40: Geschwindigkeiten des Körpers und Federkraft F_e

Die Ableitungen sind

$$\frac{\partial E_k}{\partial q} = m\left(q\Omega^2 - \dot{q}\Omega\right), \quad \frac{\partial E_k}{\partial \dot{q}} = m\left(\dot{q} - q\Omega\right), \quad \frac{d}{dt}\left(\frac{\partial E_k}{\partial \dot{q}}\right) = m\left(\ddot{q} - \dot{q}\Omega\right).$$

Die eingeprägten konservativen Kräfte, die auf den Körper wirken sind das Gewicht mg und die Federkraft $F_e = cq$.

Das Gewicht, welches nicht eingezeichnet ist, wirkt senkrecht auf die Zeichenebene

Der Schwerpunkt S bewegt sich in einer horizontalen Ebene, das Potential der Gewichtskraft ist konstant und wird gleich mit null angenommen.

Das Potential der Federkraft $F_e = cq$ ist $\frac{1}{2}cq^2$. Somit sind das Potential des Körpers und seine Ableitung nach q

$$E_p = \frac{1}{2}cq^2, \qquad \frac{\partial E_p}{\partial q} = cq.$$

Auf den Körper wirken keine eingeprägte nichtkonservative Kräfte und $Q^{(nk)} = 0$.

Diese Ergebnisse werden in die Lagrange'sche Gleichung eingesetzt und man erhält die folgende *Bewegungsdifferentialgleichung*

$$m\ddot{q} - m\Omega^2 q + cq = 0. \qquad \ddot{q} + \left(\frac{c}{m} - \Omega^2\right)q = 0. \qquad (2.30)$$

2.7.1.1   Der Fall $c > m\Omega^2$

Für diesen Fall ist die *Bewegungsdifferentialgleichung*

$$\ddot{q} + \omega_1^2 q = 0, \qquad \omega_1^2 = c/m - \Omega^2 > 0.$$

Wenn die Bezeichnung ω_1 in dieser Gleichung durch Ω ersetzt wird, dann stimmt diese Differentialgleichung mit der Gleichung (2.1) überein.

Die dort bestimmten Ergebnisse für das Bewegungsgesetz gelten auch hier für die Relativbewegung $q = q(t)$.

Die *Bilanzgleichung* ist

$$\frac{1}{2}m\dot{q}^2 + \frac{1}{2}(c - m\Omega^2)q^2 = \frac{1}{2}m\dot{q}(0)^2 + \frac{1}{2}(c - m\Omega^2)q(0)^2 = konst.$$

Die *Relativbewegungen* sind harmonische Schwingungen.

2.7.1.2   Der Fall $c < m\Omega^2$

Für diesen Fall ist die *Bewegungsdifferentialgleichung*

$$\ddot{q} - \omega_2^2 q = 0, \qquad \omega_2^2 = \Omega^2 - c/m > 0.$$

Wenn die Bezeichnung ω_2 in dieser Gleichung durch Ω ersetzt wird, dann stimmt diese Differentialgleichung mit der Gleichung (2.21) überein.

Die dort bestimmten Ergebnisse für das Bewegungsgesetz gelten auch hier für die Relativbewegung $q = q(t)$.

Die *Bilanzgleichung* ist

$$\frac{1}{2}m\dot{q}^2 - \frac{1}{2}(m\Omega^2 - c)q^2 = \frac{1}{2}m\dot{q}(0)^2 - \frac{1}{2}(m\Omega^2 - c)q(0)^2 = konst.$$

Die *Relativbewegungen* werden mit den Exponentialfunktionen $e^{\omega_2 t}$ und $e^{-\omega_2 t}$ oder mit den Funktionen $\sinh(\omega_2 t)$ und $\cosh(\omega_2 t)$ ausgedrückt.

Es gibt den stationären Zustand $q = 0$, $\dot{q} = 0$, der eine nicht stabile relative Gleichgewichtslage ist.

Die Phasenkurven sind Hyperbeln.

2.7.1.3 Der Fall $c = m\Omega^2$

Für diesen Fall ist die *Bewegungsdifferentialgleichung*

$$m\ddot{q} = 0 \quad \text{und} \quad \dot{q} = \dot{q}(0), \qquad q = \dot{q}(0)t + q(0).$$

Mit den Anfangsbedingungen $q(0) = q_0$ und $\dot{q}(0)$ bewegt sich der Körper gleichförmig in die positive oder negative Richtung, je nachdem ob $\dot{q}(0) = v_0 > 0$ oder $\dot{q}(0) = -v_0 < 0$ gilt.

Die Abb. 2.41 zeigt *Bewegungsdiagramme* und die Abb. 2.42 zeigt *Phasenkurven* für diesen Sonderfall.

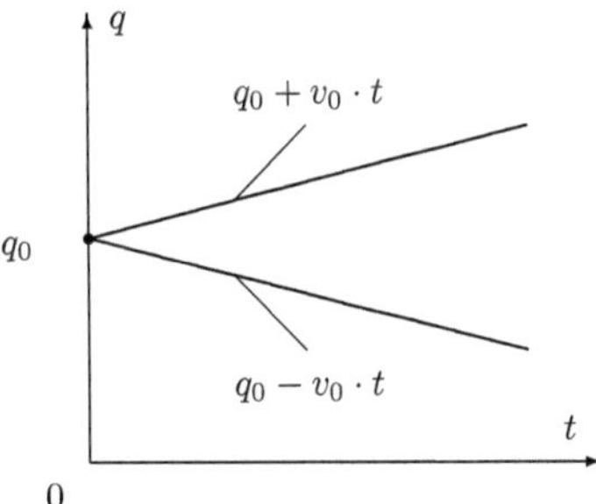

Abbildung 2.41: Bewegungsdiagramme für $c = m\Omega^2$

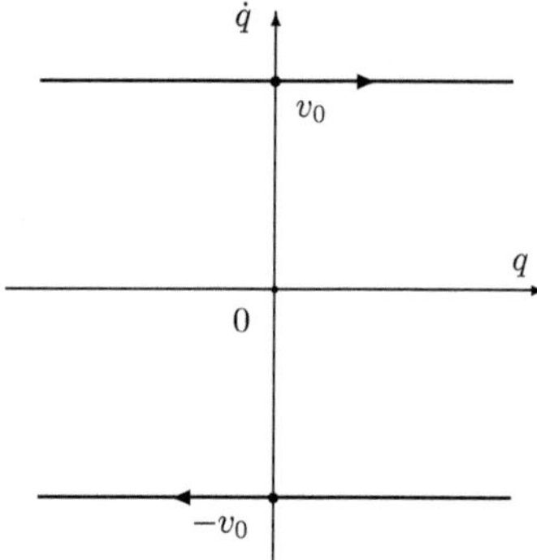

Abbildung 2.42: Phasenkurven für $c = m\Omega^2$

Für Anfangsbedingungen mit $\dot{q}(0) = 0$ befindet sich der Körper für alle Anfangslagen $q(0) = q_0$ im relativen Gleichgewicht. Diese bilden einen *relativen Gleichgewichtsbereich*.

2.8 Stationäre Zustände eines Körpers in einer Drehscheibe mit geschwindigkeitsproportionaler Dämpfung

Die Scheibe in der Abb.2.43 dreht sich mit der konstanten Winkelgeschwindigkeit Ω in einer horizontalen Ebene um die vertikale Achse Oz, die senkrecht auf die Zeichenebene und zum Betrachter hin orientiert ist. In einem Kanal entlang einer Sehne im Abstand h von der Drehachse O kann sich ein punktförmiger Körper von der Masse m und dem Schwerpunkt in S bewegen. Die Lage des Körpers ist durch die Relativkoordinate q bestimmt. Der Körper ist durch eine Feder mit der Federkonstanten c, welche in der Lage $q = 0$ unverformt ist, mit die Scheibe verbunden. Auf den Körper wirkt auch eine Dämpfungskraft, die mit der Relativgeschwindigkeit $\dot{q}$ proportional ist. Der Dämpfungsfaktor ist b.

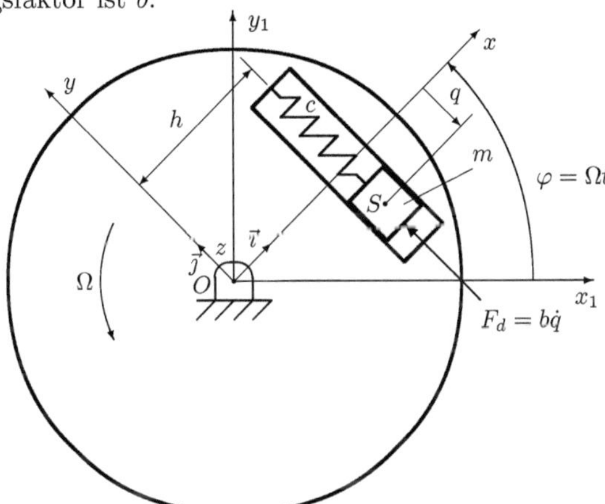

Abbildung 2.43: Körper mit Dämpfung in einer Drehscheibe

2.8.1 Bestimmung der Bewegungsdifferentialgleichung

Das System hat einen Freiheitsgrad q und $\varphi = \Omega t$ ist eine *zeitabhängige (rheonome) Bindung* [12].

Die Bewegungsdifferentialgleichung wird mit der *Lagrange'sche Gleichung* zweiter Art bestimmt,

$$\frac{d}{dt}\left(\frac{\partial E_k}{\partial \dot{q}}\right) - \frac{\partial E_k}{\partial q} + \frac{\partial E_p}{\partial q} - Q^{(nk)} = 0.$$

Hier sind E_k die kinetische Energie des Körpers, E_p ist das Potential der konservativen Kräfte und $Q^{(nk)}$ ist die verallgemeinerte Kraft der nichtkonservativen Kräfte.

In der Abb 2.44 sind die Geschwindigkeiten des Schwerpunktes S eingezeichnet.

Die Relativgeschwindigkeit $\vec{v}_r$ und die Führungsgeschwindigkeit $\vec{v}_f$ sind mit $OS = r = \sqrt{q^2 + h^2}$ sowie mit $\sin(\alpha) = q/r$ und $\cos(\alpha) = h/r$ gleich mit

$$\vec{v}_r = -\dot{q}\vec{j}, \quad \vec{v}_f = r\Omega \cdot \sin(\alpha) \cdot \vec{i} + r\Omega \cdot \cos(\alpha) \cdot \vec{j} = q\Omega \cdot \vec{i} + h\Omega \cdot \vec{j}.$$

Somit gilt für die absolute Geschwindigkeit $\vec{v}_a$

$$\vec{v}_a = \vec{v}_r + \vec{v}_f \quad \rightarrow \quad v_a^2 = (-\dot{q} + q\Omega)^2 + (h\Omega)^2 = \dot{q}^2 + (q^2 + h^2)\Omega^2 - 2\dot{q} \cdot q\Omega$$

und für die kinetische Energie E_k

$$E_k = \frac{1}{2}mv_a^2 = \frac{1}{2}m\left[\dot{q}^2 + (q^2 + h^2)\Omega^2 - 2\dot{q} \cdot q\Omega\right].$$

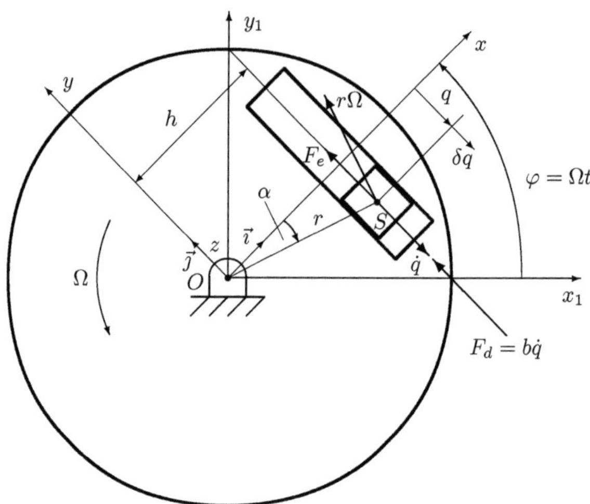

Abbildung 2.44: Geschwindigkeiten des Körpers, Federkraft F_e und Dämpfungskraft F_d

Die Ableitungen sind

$$\frac{\partial E_k}{\partial q} = m\left(q\Omega^2 - \dot{q}\Omega\right), \quad \frac{\partial E_k}{\partial \dot{q}} = m\left(\dot{q} - q\Omega\right), \quad \frac{d}{dt}\left(\frac{\partial E_k}{\partial \dot{q}}\right) = m\left(\ddot{q} - \dot{q}\Omega\right).$$

Die eingeprägten konservativen Kräfte, die auf den Körper wirken, sind das Gewicht mg und die Federkraft $F_e = cq$.

Das Gewicht, welches nicht eingezeichnet ist, wirkt senkrecht auf die Zeichenebene

Der Schwerpunkt S bewegt sich in einer horizontalen Ebene, das Potential der Gewichtskraft ist deshalb konstant und wird gleich mit null angenommen.

Das Potential der Federkraft $F_e = cq$ ist $\frac{1}{2}cq^2$.

Somit ist das Potential des Körpers und seine Ableitung nach q

$$E_p = \frac{1}{2}cq^2, \qquad \frac{\partial E_p}{\partial q} = cq.$$

Auf den Körper wirkt als *eingeprägte nichtkonservative Kraft* die *Dämpfungskraft $b\dot{q}$*.

Die virtuelle Arbeit dieser Kraft bei einer virtuellen Verschiebung δq ist $\delta A = -b\dot{q} \cdot \delta q = Q^{(nk)} \cdot \delta q$ und somit gilt $Q^{(nk)} = -b\dot{q}$.

Diese Ergebnisse werden in die Lagrange'sche Gleichung eingesetzt und man erhält die folgende *Bewegungsdifferentialgleichung*

$$m\ddot{q} - m\Omega^2 q + cq + b\dot{q} = 0 \quad \rightarrow \quad m\ddot{q} + b\dot{q} + \left(c - m\Omega^2\right)q = 0. \quad (2.31)$$

2.8.1.1 Der Fall $c > m\Omega^2$

Für diesen Fall ist die *Bewegungsdifferentialgleichung*

$$m\ddot{q} + b\dot{q} + (c - m\Omega^2)q = 0.$$

Wenn in dieser Gleichung $c - m\Omega^2 > 0$ durch c ersetzt wird, dann stimmt sie mit der Bewegungsdifferentialgleichung (2.4) überein und die im Abschnitt 2.2 berechneten Ergebnisse können übernommen werden.

Das dort bestimmte Bewegungsgesetz und die Bilanzgleichung gelten auch hier für die Relativbewegung $q = q(t)$.

Die *Relativbewegungen* sind gedämpfte Schwingungen.

Es gibt den staionären Zustand $q = 0$, $\dot{q} = 0$, der eine asymptotisch stabile relative Gleichgewichtslage ist.

2.8.1.2 Der Fall $c < m\Omega^2$

Für diesen Fall ist die *Bewegungsdifferentialgleichung*

$$m\ddot{q} + b\dot{q} - \left(m\Omega^2 - c\right)q = 0.$$

Wenn in dieser Gleichung $m\Omega^2 - c > 0$ durch $m\Omega^2$ ersetzt wird, dann stimmt sie mit der Bewegungsdifferentialgleichung (2.23) überein und die im Abschnitt 2.5 bestimmten Ergebnisse können übernommen werden.

Die dort bestimmten Ergebnisse für das Bewegungsgesetz und die Bilanzgleichung gelten auch hier für die Relativbewegung $q = q(t)$.

Die *Relativbewegungen* werden mit Exponentialfunktionen ausgedrückt.

Es gibt den staionären Zustand $q = 0$, $\dot{q} = 0$, der eine nicht stabile relative Gleichgewichtslage ist.

2.8.1.3   Der Fall $c = m\Omega^2$

Für diesen Fall ist die *Bewegungsdifferentialgleichung*

$$m\ddot{q} + b\dot{q} = 0.$$

Mit dem Lösungsansatz $q = Ce^{\lambda t}$ erhält man die charakteristische Gleichung und ihre Lösungen

$$m\lambda^2 + b\lambda = 0 \qquad \lambda_1 = 0, \quad \lambda_2 = -\frac{b}{m}.$$

Die allgemeine Lösung und ihre Ableitung sind

$$q = C_1 + C_2 e^{-bt/m}, \qquad \dot{q} = -\frac{b}{m} C_2 e^{-bt/m}.$$

Mit den Anfangsbedingungen $q(0) = q_0$ und $\dot{q}(0) = v_0$ folgt $q_0 = C_1 + C_2$ und $v_0 = -\frac{b}{m} C_2$ sowie

$$C_1 = q_0 + \frac{v_0}{b/m}, \qquad C_2 = -\frac{v_0}{b/m}.$$

Das *Bewegungsgesetz* sowie das Geschwindigkeits- und das Beschleunigungsgesetz sind

$$q = q_0 + \frac{v_0}{b/m} - \frac{v_0}{b/m} e^{-bt/m}, \qquad \dot{q} = v_0 e^{-bt/m}, \qquad \ddot{q} = -v_0 \frac{b}{m} e^{-bt/m}.$$

Die Abb. 2.45 zeigt das Bewegungsdiagramm für $q_0 = v_0/(b/m) > 0$.

Der Körper nähert sich asymptotisch der relativen Ruhelage $q_0 + v_0/(b/m) = 2q_0$.

Der relative Geschwindigkeit des Körper (Abb. 2.46) strebt asymptotisch zu null.

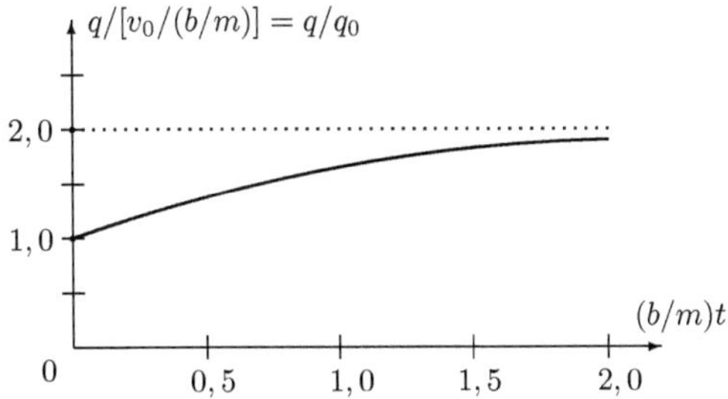

Abbildung 2.45: Bewegungsdiagramm für $c = m\Omega^2$

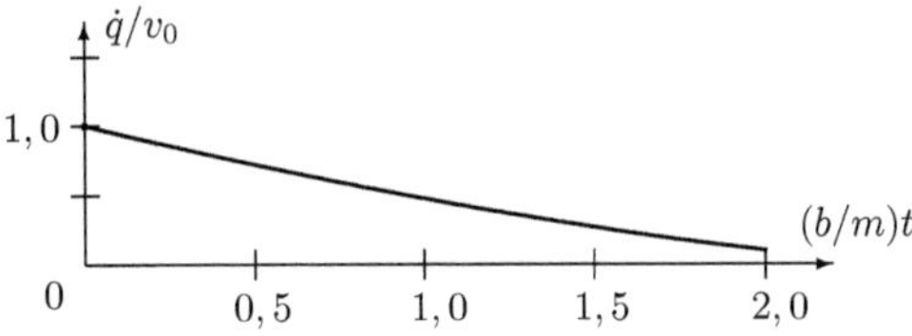

Abbildung 2.46: Geschwindigkeitsdiagramm für $c = m\Omega^2$

Die Abb. 2.47 zeigt das Beschleunigungsdiagramm für $v_0 > 0$.

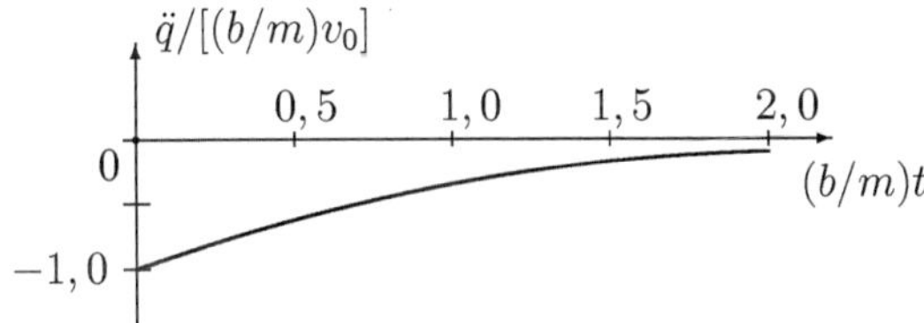

Abbildung 2.47: Beschleunigungsdiagramm für $c = m\Omega^2$

Der relative Beschleunigung des Körper näher sich asymptotisch dem Wert null.

Die Abbildung 2.48 zeigt die *Phasenkurven* für die Anfangsbedingungen:

- $q(0) = q_0 > 0$, $\dot{q}(0) = v_0 > 0$,
- $q(0) = q_0 > 0$, $\dot{q}(0) = -v_0 < 0$,
- $q(0) = -q_0 < 0$, $\dot{q}(0) = v_0 > 0$ und
- $q(0) = -q_0 < 0$, $\dot{q}(0) = -v_0 < 0$.

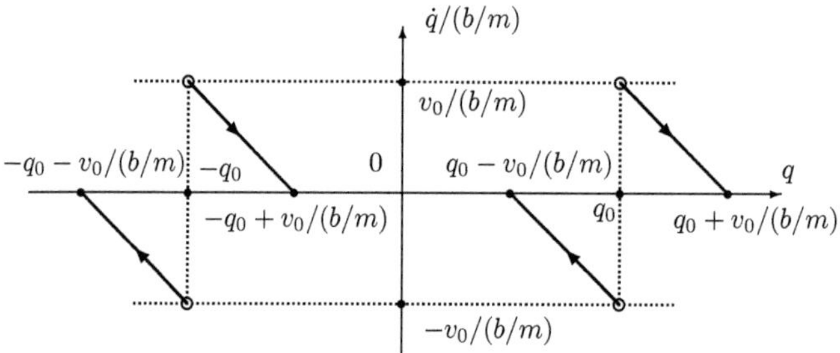

Abbildung 2.48: Phasenkurven für $c = m\Omega^2$

Für Anfangslagen mit $\dot{q}(0) = 0$ befindet sich der Körper für alle Anfangswerte $q(0) = q_0$ im relativen Gleichgewicht. Diese bilden einen relativen
Gleichgewichtsbereich.

2.9 Stationäre Zustände eines Körpers in einer Drehscheibe mit Reibung

Die Scheibe in der Abb.2.49 dreht sich mit der konstanten Winkelgeschwindigkeit Ω in einer horizontalen Ebene um die vertikale Achse Oz, die senkrecht auf die Zeichenebene und zum Betrachter hin orientiert ist. In einem Kanal entlang einer Sehne im Abstand h von der Drehachse O kann sich ein punktförmiger Körper von der Masse m und dem Schwerpunkt in S bewegen. Die Lage des Körpers ist durch die Relativkoordinate q bestimmt. Der Körper ist durch eine Feder mit der Federkonstanten c, welche in der Lage $q = 0$ unverformt ist, mit die Scheibe verbunden. Es wird angenommen, dass zwischen Körper und Kanal entlang der unteren und den seitlichen Kontaktflächen Reibungskräfte wirken. Für $\dot{q} \neq 0$ wirken Gleitreibungskräfte mit der Resultierenden F_g und für $\dot{q} = 0$ wirken Haftreibungskräfte mit der Resultierenden F_h, die einen maximalen Betrag $F_{h\,max}$ nicht überschreiten kann. Der Gleitreibungskoeffizient ist μ und der Haftreibungskoeffizient ist $\mu_0 > \mu$.

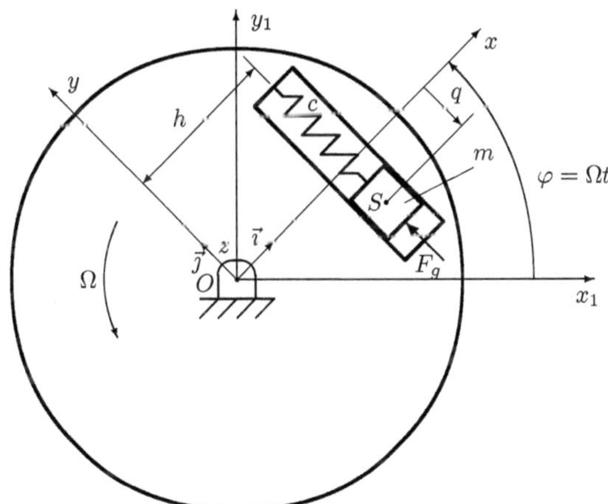

Abbildung 2.49: Körper in einer Drehscheibe mit Reibung

2.9.1 Bestimmung der Bewegungsdifferentialgleichung

Das System hat einen Freiheitsgrad q und $\varphi = \Omega t$ ist eine *zeitabhängige (rheonome) Bindung* [12]. Die Bewegungsdifferentialgleichung wird mit dem *Impulssatz in der Form von D'Alembert* als Gleichgewichtsbedingung der eingeprägten Kräfte, der Reaktions- und der Trägheitskräfte bestimmt.

Diese Kräfte werden in Bezug auf das körperfeste Koordinatensystem Oxy mit den Einsvektoren $\vec{\imath}$ und $\vec{\jmath}$, welches sich in einer horizontalen Ebene befindet, und der vertikalen Oz-Achse mit dem Einsvektor $\vec{k}$, der senkrecht auf die Zeichenebene zum Betrachter hin orientiert ist, ausgedrückt.

Zur Berechnung der Komponenten der *Trägheitskraft* $\vec{F}^{(T)} = -m\vec{a}$ werden die Komponenten der absoluten Beschleunigung $\vec{a} = \vec{a}_r + \vec{a}_f + \vec{a}_C$ des Schwerpunktes S bestimmt.

Die Abb. 2.50 zeigt die Komponenten der Geschwindigkeit und der *Beschleunigung*.

Die Komponenten der Beschleunigung sind:

• die *Relativbeschleunigung* ist $\vec{a}_r = -\ddot{q} \cdot \vec{\jmath}$,

• die *Führungsbeschleunigung* für die gleichförmige Drehung mit $\vec{\Omega} = \Omega \cdot \vec{k}$, $OS = R = \sqrt{q^2 + h^2}$, $\sin(\alpha) = q/R$ und $\cos(\alpha) = h/R$ ist
$\vec{a}_f = -R\Omega^2 \cdot \cos(\alpha) \cdot \vec{\imath} + R\Omega^2 \cdot \sin(\alpha) \cdot \vec{\jmath} = -\Omega^2 h \cdot \vec{\imath} + \Omega^2 q \cdot \vec{\jmath}$ und

• die *Coriolisbeschleunigung* ist mit $\vec{v}_r = -\dot{q} \cdot \vec{\jmath}$ gleich mit $\vec{a}_C = 2\vec{\Omega} \times \vec{v}_r = 2\Omega\dot{q} \cdot \vec{\imath}$.

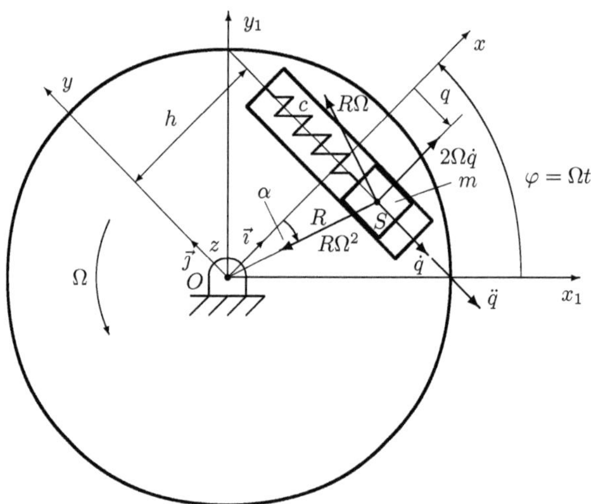

Abbildung 2.50: Beschleunigungen des Schwerpunktes S des Körpers

Die Abb. 2.51 zeigt die entsprechenden Komponenten der *Trägheitskräfte*. Diese sind:

- die Trägheitskraft durch die Relativbeschleunigung $\vec{F}_r = -m\vec{a}_r = m\ddot{q} \cdot \vec{j}$,
- die Trägheitskraft durch die Führungsbeschleunigung (*Fliehkraft*)
$\vec{F}_f = -m\vec{a}_f = F_{f1} \cdot \vec{i} - F_{f2} \cdot \vec{j}$ mit $F_{f1} = m\Omega^2 h$ und $F_{f2} = m\Omega^2 q$ und
- die Trägheitskraft durch die Coriolisbeschleunigung $\vec{F}_C = -m\vec{a}_C = -F_C \cdot \vec{i}$
mit $F_C = 2m\Omega\dot{q}$.

Als eingprägte Kräfte wirken:

- das Gewicht $\vec{G} = -mg \cdot \vec{k}$,
- die Federkraft $\vec{F}_e = F_e \cdot \vec{j}$ mit $F_e = cq$ und
- die Komponenten der Gleitreibungskraft F_g.

Die *Reaktionskraft* hat zwei Komponenten. Diese sind:

- die Komponente F_{N1} in der horizontalen Bewegungsebene xOy senkrecht
auf die Richtung des Kanals und
- die Komponente F_{N2}, die senkrecht auf die Bewegungsebene wirkt und
nicht eingezeichnet ist.

Für $\dot{q} \neq 0$ wirkt die *Gleitreibungskraft*

$$F_g = \mu\big(|F_{N1}| + |F_{N2}|\big) \cdot \text{sign}(\dot{q}).$$

Das ist eine *eingeprägte Kraft*.

Für $\dot{q} = 0$ wirkt die *Haftreibungreibungskraft*.

Das ist eine *Reaktionskraft*, welche der Verlagerungstendenz des Körpers,
die durch die Federkraft F_e und durch die Komponente F_{f2} der Fliehkraft
wirksam wird, entgegengesetzt ist.

Der *maximale* Betrag dieser *Haftreibungskraft* ist

$$F_{h\,max} = \mu_0\big(|F_{N1}| + |F_{N2}|\big) = \mu_0(m\Omega^2 h + mg).$$

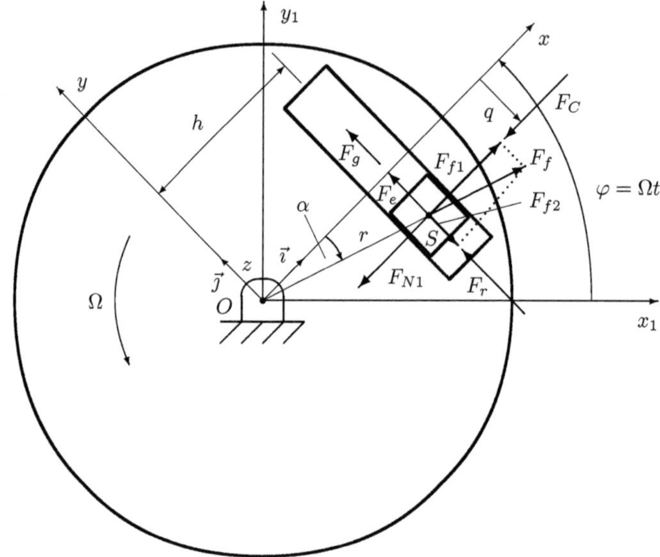

Abbildung 2.51: Kräfte, die auf den Körpers wirken

Die Gleichgewichtsbedingungen dieser Kräfte sind:

$$\sum F_{ix} = F_{f1} - F_C - F_{N1} = 0, \qquad \sum F_{iz} = -mg + F_{N2} = 0$$

und

$$\sum F_{iy} = F_r - F_{f2} + F_e + F_g = 0.$$

Aus den Gleichgewichtsbedingungen für die x-Achse und z-Achse erhält man

$$F_{N1} = m\Omega^2 h - 2m\Omega\dot{q} = m\Omega^2 h\left(1 - 2\frac{\dot{q}}{h\Omega}\right), \qquad F_{N2} = mg.$$

Die Komponente F_{N1} besteht aus zwei Anteilen, die durch die Kräfte $F_{f1} = mh\Omega^2$ und $F_C = 2m\Omega\dot{q}$ hervorgerufen werden.

Für die hier angenommene Drehgeschwindigkeit Ω der Scheibe im Gegenuhrzeigersinn und der angenommenen positiven Richtung der Relativkoordinate q in negativer y-Richtung, haben diese beiden Komponenten für $\dot{q} > 0$ gegensätzliche Richtungen und für $\dot{q} < 0$ die gleiche Richtung.

Die Abb. 2.52 zeigt die auf $mh\Omega^2$ bezogene Komponente F_{N1} der Reaktionskraft und deren Betrag $|F_{N1}|$ als Funktion der auf $h\Omega$ bezogene Relativgeschwindigkeit $\dot{q}$.

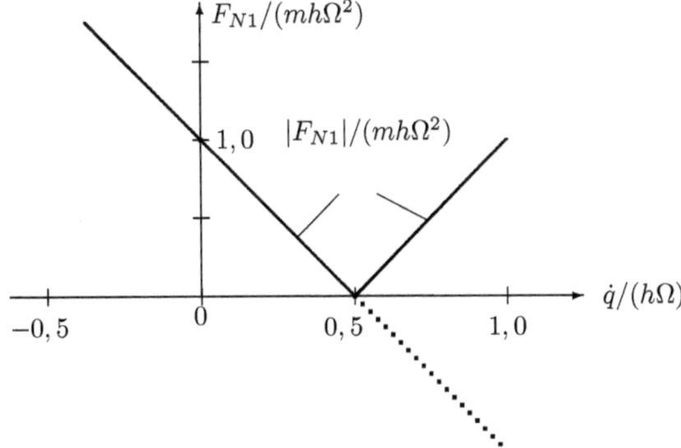

Abbildung 2.52: Komponente F_{N1} der Reaktionskraft als Funktion der Relativgeschwindigkeit $\dot{q}$

Für denselben Betrag der Geschwindigkeit ist für $\dot{q} < 0$ der Betrag $|F_{N1}|$ größer als der Betrag $|F_{N1}|$ für $\dot{q} > 0$.

Das Gleiche gilt deshalb auch für die Komponente $\mu|F_{N1}|$ der *Gleitreibungskraft*, die somit *von der Relativgeschwindigkeit abhängt*.

Deshalb ist die Bremswirkung der Gleitreibung in der Bewegung mit negativer Geschwindigkeit größer als in der Bewegung mit positiver Geschwindigkeit.

Aus der Gleichgewichtsbedingung in y-Richtung erhält man die Bewegungsdifferentialgleichung

$$m\ddot{q} - m\Omega^2 q + cq = -\mu\Big(|F_{N1}| + mg\Big) \cdot \text{sign}(\dot{q})$$

mit

$$|F_{N1}| = F_{N1} \cdot \text{sign}(F_{N1}) = m\Omega^2 h \cdot \text{sign}(F_{N1}) - 2m\Omega\dot{q} \cdot \text{sign}(F_{N1}).$$

Somit ist die *Bewegungsdifferentialgleichung* der Relativbewegung des Körpers im Kanal

$$m\ddot{q} - 2\mu m\Omega\dot{q} \cdot \text{sign}(F_{N1}) \cdot \text{sign}(\dot{q}) + (c - m\Omega^2)q$$

$$= -\mu\left[mg + m\Omega^2 h \cdot \text{sign}(F_{N1})\right] \cdot \text{sign}(\dot{q}). \tag{2.32}$$

Wegen den *unstetigen Funktionen* $\text{sign}(\dot{q})$ und $\text{sign}(F_{N1})$ kann diese Differentialglechung nur *bereichsweise integriert* werden.

Die Gesetze der Bewegung, Geschwindigkeit und Beschleunigung werden mit dem *Anstückelungsverfahren* berechnet.

2.9.2 Bestimmung des Gleichgewichtsbereiches

In einem stationären Zustand des Systems ohne Reibung folgt für $\dot{q} = 0$ und $\ddot{q} = 0$, dass $q = 0$ gilt. Somit ist $q = 0$ ein *stationärer Zustand* also eine *relative Gleichgewichtslage*.

In den Zuständen mit $\dot{q} = 0$ wirkt anstelle der Gleitreibungskraft eine Haftreibungskraft,

Das ist eine Reaktionskraft, welche der Verlagerungstendenz, die dem System durch die Federkraft $F_e = cq$ und durch die Komponente $F_{f2} = m\Omega^2 q$ der Fliehkraft aufgezwungen wird, entgegengesetzt ist.

Die Haftreibungskraft kann einen maximalen Wert $F_{hmax} = \mu_0(m\Omega^2 h + mg)$ nicht überschreiten.

Um die Gleichgewichtslage $q = 0$ bildet sich ein Gleichgewichtsbereich.

Innerhalb dieses Bereiches gilt $|(c - m\Omega^2)q| < F_{hmax}$.

Die Grenzen dieses Gleichgewichtsbereiches erhält man aus der Gleichgewichtsbedingung $|(c - m\Omega^2)q| = \mu_0(m\Omega^2 h + mg)$ mit den Lösungen

$$q = \mu_0 \frac{\Omega^2 h + g}{|c/m - \Omega^2|} = r_0 \qquad \text{und} \qquad q = -\mu_0 \frac{\Omega^2 h + g}{|c/m - \Omega^2|} = -r_0.$$

In dem Bereich $(-r_0, r_0)$ sind die Resultierende der Federkraft F_e und der Komponente F_{f2} der Fliehkraft kleiner als die maximale Haftreibungskraft F_{hmax}.

Für den Verlauf der Phasenkurven sind auch die Grenzen des Bereiches wichtig, in welchem für $\dot{q} = 0$ die Resultierende der Federkraft F_e und der Komponente F_{f2} der Fliehkraft kleiner ist als die Gleitreibungkraft $\mu|F_{N1} + F_{N2}| = \mu(m\Omega^2 h + mg)$.

Aus der Bedingung $|(c - m\Omega^2)q| = \mu(m\Omega^2 h + mg)$ erhält man die Lösungen

$$q = \mu\frac{\Omega^2 h + g}{|c/m - \Omega^2|} = r \qquad \text{und} \qquad q = -\mu\frac{\Omega^2 h + g}{|c/m - \Omega^2|} = -r.$$

In dem Bereich $(-r,\, r)$ ist die Resultierende der Federkraft F_e und der Komponente F_{f2} der Fliehkraft kleiner als die Gleitreibungskraft mit $\dot{q} = 0$ gleich mit $F_g = \mu(m\Omega^2 h + mg)$.
Die Abb. 2.53 zeigt diese Bereiche.

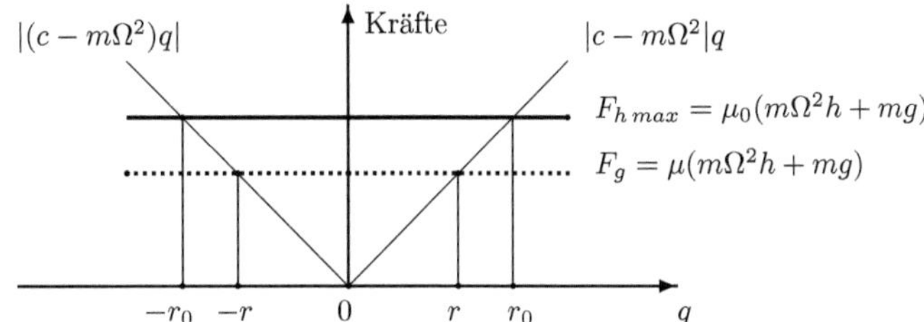

Abbildung 2.53: Kräfte und Gleichgewichtsbereich

In den Gleichgewichtslagen $q \in (r,\, r_0)$ und $q \in (-r_0,\, -r)$ innerhalb des Gleichgewichtsbereiches $(-r_0,\, r_0)$ ist die Resultierende der Federkraft F_e und der Komponente F_{f2} der Fliehkraft größer als die Gleitreibungskraft $F_g = \mu(m\Omega^2 h + mg)$ aber kleiner als der maximale Betrag der Haftreibungskraft $F_{h\,max} = \mu_0(m\Omega^2 h + mg)$.
Das hat zur Folge, dass sich das System unterschiedlich verhält, wenn in diesen Gleichgewichtslagen als Anfangslagen die Anfangsgeschwindigkeiten positive oder negative Werte haben.

2.9.3 Der Fall $c > m\Omega^2$

Für diesen Fall ist die *Bewegungsdifferentialgleichung*

$$m\ddot{q} - 2\mu m\Omega\dot{q} \cdot \text{sign}(F_{N1}) \cdot \text{sign}(\dot{q}) + (c - m\Omega^2)q$$

$$= -\mu\big[mg + m\Omega^2 h \cdot \text{sign}(F_{N1})\big] \cdot \text{sign}(\dot{q}).$$

Zur Darstellung der Gesetze der Bewegung und der Phasenkurven werden die folgenden Parameterwerte angenommen:

$$c = 2m\Omega^2, \qquad \Omega^2 h = 10\,\text{m/s}^2, \qquad \mu = 0,2, \qquad \mu_0 = 0,25.$$

Die Bewegungsdifferentialgleichung wird durch m geteilt und mit der Bezeichnung

$$\beta = -2\mu\Omega \cdot \text{sign}(F_{N1}) \cdot \text{sign}(\dot{q})$$

folgt

$$\ddot{q} + \beta \cdot \dot{q} + \Omega^2 \cdot q = -\mu\Omega^2 h\left[\frac{g}{\Omega^2 h} + \text{sign}(F_{N1})\right] \cdot \text{sign}(\dot{q}).$$

Die allgemeine Lösung der linearen nichthomogenen Bewegungsdifferentialgleichung besteht aus der allgemeinen Lösung q_{ho} der entsprechenden homogenen Differentialgleichung und der partikulären Lösung q_p der nichthomogenen Differentialgleichung.

Mit dem Lösungsansatz $q_{ho} = Ce^{\lambda t}$ für die homogene Differentialgleichung folgt die charakteristische Gleichung und deren Lösungen

$$\lambda^2 + \beta\lambda + \Omega^2 = 0, \ \lambda_{1,2} = -\frac{\beta}{2} \pm ip_2, \ p_2 = \sqrt{\Omega^2 - \left(\frac{\beta}{2}\right)^2} = \Omega\sqrt{1 - \mu^2} = \sqrt{0,96}\,\Omega.$$

Somit gilt

$$q_{ho} = e^{-(\beta/2)t}[C_1\cos(p_2 t) + C_2\sin(p_2 t)]$$

und

$$\dot{q}_{ho} = e^{-(\beta/2)t}\{[-(\beta/2)C_1 + p_2 C_2]\cos(p_2 t) + [-(\beta/2)C_2 - p_2 C_1]\sin(p_2 t)\}.$$

Die partikuläre Lösung $q_p = konst$ der nichthomogenen Differentialgleichung folgt wegen $\dot{q}_p = 0$ und $\ddot{q}_p = 0$ aus

$$\Omega^2 q_p = -\mu\Omega^2 h\left[\frac{g}{\Omega^2 h} + \text{sign}(F_{N1})\right] \cdot \text{sign}(\dot{q})$$

$$\rightarrow \quad q_p = -\mu h\left[\frac{g}{\Omega^2 h} + \text{sign}(F_{N1})\right] \cdot \text{sign}(\dot{q}).$$

Somit ist die allgemeine Lösung $q = q_{ho} + q_p$ der Bewegungsdifferentialgleichung

$$q = e^{-(\beta/(2p_2))\cdot p_2 t}[C_1\cos(p_2 t) + C_2\sin(p_2 t)] + q_p$$

und deren Ableitung ist

$$\dot{q} = e^{-(\beta/2)t}\{[-(\beta/2)C_1 + p_2 C_2]\cos(p_2 t) + [-(\beta/2)C_2 - p_2 C_1]\sin(p_2 t)\}.$$

Die Integrationskonstanten C_1 und C_2 werden mit Hilfe der Anfangsbedingungen $q(0) = q_0$ und $\dot{q}(0) = v_0$ bestimmt.

Eingesetzt in die entsprechenden Gesetze erhält man

$$q(0) = q_0 = C_1 + q_p \qquad \rightarrow \qquad C_1 = q_0 - q_p,$$

$$\dot{q}(0) = v_0 = -(\beta/2)C_1 + p_2 C_2 \qquad \rightarrow \qquad C_2 = \frac{v_0}{p_2} + \frac{\beta}{2p_2} C_1.$$

Das sind die Werte der Integrationskonstanten für das *Bewegungsgesetz* der Relativbewegungs $q = q(t)$.

Das Gesetz der Relativgeschwindigkeit $\dot{q}(t)$ ist

$$\dot{q} = e^{-(\beta/(2p_2))\cdot p_2 t} p_2 [G_1 \cos(p_2 t) + G_2 \sin(p_2 t)]$$

mit

$$G_1 = -\frac{\beta}{2p_2} C_1 + C_2 = \frac{v_0}{p_2}, \qquad G_2 = -\frac{\beta}{2p_2} C_2 - C_1.$$

Das Gesetz der Relativbeschleunigung $\ddot{q}(t)$ ist

$$\ddot{q} = e^{-(\beta/(2p_2))\cdot p_2 t} p_2^2 [B_1 \cos(p_2 t) + B_2 \sin(p_2 t)]$$

mit

$$B_1 = -\frac{\beta}{2p_2} G_1 + G_2, \qquad B_2 = -\frac{\beta}{2p_2} G_2 - G_1.$$

Das Gleiche gilt auch für die Integrationskonstanten zu den Zeitpunkten t^* mit $q(t^*) = q^*$ und $\dot{q}(t^*) = v^*$ an den Grenzen der Bereichen, wo $\dot{q}$ und F_{N1} die Vorzeichen wechseln.

Wenn die *Bewegungsdifferentialgleichung* durch hp_2^2 geteilt wird, erhält man die dimensionslose Form dieser Gleichung

$$\frac{\ddot{q}}{hp_2^2} - 2\mu \frac{\Omega}{p_2} \cdot \text{sign}(F_{N1}) \cdot \text{sign}(\dot{q}) \cdot \frac{\dot{q}}{hp_2} + \left(\frac{\Omega}{p_2}\right)^2 \cdot \frac{q}{h}$$

$$- -\mu \left(\frac{\Omega}{p_2}\right)^2 \left[\frac{g}{\Omega^2 h} + \text{sign}(F_{N1})\right] \cdot \text{sign}(\dot{q}). \qquad (2.33)$$

Mit den angenommenen Parameterwerten ist die Gleichung zur Berechnung der Residuen

$$\mathcal{R} = \frac{\ddot{q}}{hp_2^2} - 0,4082 \cdot \text{sign}(F_{N1}) \cdot \text{sign}(\dot{q}) \cdot \frac{\dot{q}}{hp_2} + 1,0417 \cdot \frac{q}{h}$$

$$+0,2083 \big[0,9810 + \text{sign}(F_{N1})\big] \text{sign}(\dot{q}). \qquad (2.34)$$

2.9.3.1 Bewegungs-, Geschwindigkeits- und Beschleunigungsdiagramme

Mit den angenommenen Parameterwerten $c = 2m\Omega^2$, $\Omega^2 h = 10\,\text{m/s}^2$, $\mu = 0,20$ und $\mu_0 = 0,25$ gilt

$$r_0/h = \mu_0 \frac{\Omega^2[1 + g/(\Omega^2 h)]}{\Omega^2} = 0,25 \cdot (1 + 0,981) = 0,4952, \quad r/h = 0,3962.$$

Mit den Anfangsbedingungen $q(0)/h = q_0/h = -1,5000$ und $\dot{q}(0) = v_0 = 0$ außerhalb des Gleichgewichtsbereiches $(-0,4952, 0,4952)$ werden mit dem *Anstückelungsverfahren* das Bewegungs-, Geschwindigkeits- und Beschleunigungsgesetz berechnet und sind in den Abbildungen 2.54, 2.55 und 2.56 graphisch dargestellt.

Die erste Halbschwingung ist mit positiver Geschwindigkeit, die kleiner ist als die Geschwindigkeit $0,5000\,h\Omega = 0,5103\,hp_2$, bei welcher F_{N1} das Vorzeichen von positiv auf negativ wechselt.

Der erste Bewegungsabschnitt dieser Halbschwingung verläuft also in einem Bereich mit $\mathrm{sign}(\dot{q}) = +1$ und $\mathrm{sign}(F_{N1}) = +1$.

In diesem Bereich gilt

$$\frac{\beta}{2p_2} = -\mu\frac{\Omega}{p_2}\mathrm{sign}(F_{N1}) \cdot \mathrm{sign}\dot{q} = -0,2041,$$

$$\frac{q_p}{h} = -\mu\left[\frac{g}{\omega^2 h} + \mathrm{sign}(F_{N1})\right]\mathrm{sign}\dot{q} = -0,2 \cdot (0,9810 + 1) = -0,3962.$$

Mit

$$\frac{1}{h}C_1 = \frac{1}{h}(q_0 - q_p) = -1,5000 - (-0,3962) = -1,1038,$$

$$\frac{1}{h}C_2 = \frac{\beta}{2p_2}\frac{1}{h}C_1 = (-0,2041) \cdot (-1,1038) = 0,2253$$

ist das auf h bezogenen Gesetz der Relativbewegung

$$\frac{q}{h} = e^{0,2041 \cdot p_2 t}[-1,1038\cos(p_2 t) + 0,2253\sin(p_2 t)] - 0,3962. \qquad (2.35)$$

Mit

$$\frac{1}{h}G_1 = -\frac{\beta}{2p_2}\frac{1}{h}C_1 + \frac{1}{h}C_2 = 0, \qquad \frac{1}{h}G_2 = -\frac{\beta}{2p_2}\frac{1}{h}C_2 - \frac{1}{h}C_1 = 1,1498$$

ist das auf hp_2 bezogene Gesetz der Relativgeschwindigkeit $\dot{q}(t)$

$$\frac{\dot{q}}{hp_2} = e^{0,2041 \cdot p_2 t} \cdot 1,1498\sin(p_2 t). \qquad (2.36)$$

Mit

$$\frac{1}{h}B_1 = -\frac{\beta}{2p_2}\frac{1}{h}G_1 + \frac{1}{h}G_2 = 1,1498, \qquad \frac{1}{h}B_2 = -\frac{\beta}{2p_2}\frac{1}{h}G_2 - \frac{1}{h}G_1 = 0,2347$$

ist das auf hp_2^2 bezogene Gesetz der Relativbeschleunigung $\ddot{q}(t)$

$$\frac{\ddot{q}}{hp_2^2} = e^{0,2041\cdot p_2 t}[1,1498\cos(p_2 t) + 0,2347\sin(p_2 t)]. \qquad (2.37)$$

In diese Gesetze wird die dimensionslose Zeit $p_2 t$ als Argument in $\cos(p_2 t)$ und $\sin(p_2 t)$ in Grade und in $e^{0,2041\cdot p_2 t}$ in Bogenmaß $p_2 t\cdot\pi/180$ rad eingesetzt.

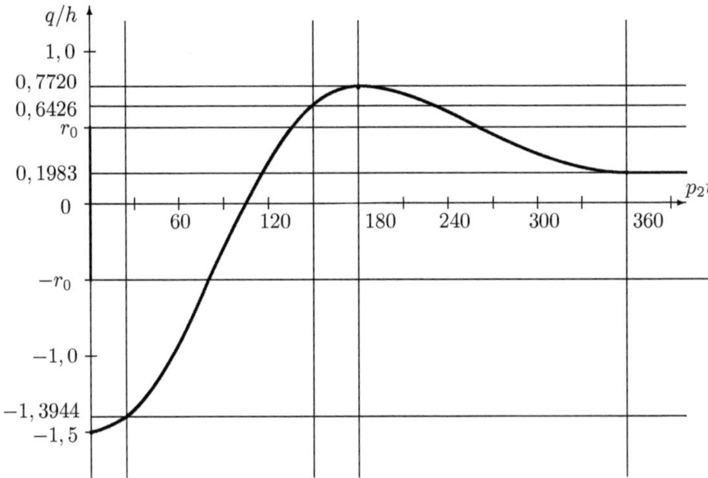

Abbildung 2.54: Bewegungsdiagramm mit Reibung

Zum Zeitpunkt $p_2 t = 20^0 \to 20\pi/180$ rad erhält man $q/h = -1,4273$, $\dot{q}/(h\Omega)=0,4223$ und $\ddot{q}/(h\Omega^2) = 1,2464$.

Zur Kontrolle werden diese Ergebnisse in die Gleichung (2.34) eingesetzt. Man erhält

$$\mathcal{R} = 1,2464 - 0,4082\cdot 0,4223 + 1,0417\cdot(-1,4273) + 0,2083\cdot(0,981+1)$$

und somit $\mathcal{R} = 2,27\cdot 10^{-4}$.

Die hier bestimmten Gesetze gelten bis zum Zeitpunkt t^*, wenn die Geschwindigkeit den Wert $\dot{q}(t^*)/(hp_2) = 0,5103$ annimmt und $F_{N1} = 0$ gilt.

Aus den Gesetzen (2.36), (2.35) und (2.37) erhält man zum Zeitpunkt $p_2 t_1^* = 24,04^0$ die Geschwindigkeit $\dot{q}(t^*)/(hp_2) = 0,51027 \approx 0,5103$, die Lagekoordinate $q/h = -1,3944$ und die Beschleunigung $\ddot{q}/(hp_2^2) = 1,2481$

Dieses sind die Anfangsbedingungen für den zweiten Abschnitt der Bewegung, in welchem $\text{sign}(F_{N1}) = -1$ zu berücksichtigen ist.

In diesem zweiten Abschnitt gelten die Werte

$$\frac{\beta}{2p_2} = -\mu\frac{\Omega}{p_2}\mathrm{sign}(F_{N1}) \cdot \mathrm{sign}(\dot{q}) = 0,2041,$$

$$\frac{q_p}{h} = -\mu\Big[\frac{g}{\omega^2 h} + \mathrm{sign}(F_{N1})\Big]\mathrm{sign}(\dot{q}) = -0,2 \cdot (0,9810 - 1) = 3,8 \cdot 10^{-3}.$$

Mit diesen Anfangsbedingungen und Werten können die Integrationskonstanten C_1, C_2, G_1, G_2, B_1 und B_2 berechnet werden.

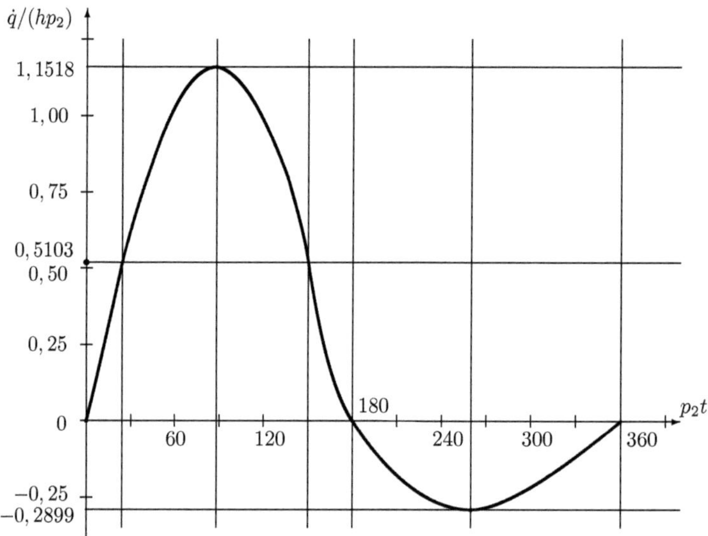

Abbildung 2.55: Geschwindigkeitsdiagramm mit Reibung

In diesem zweiten Bewegungsabschnitt sind in der Lage $q/h = 0,3289$ die Geschwindigkeit $\dot{q}/(hp_2) = 0,8706$ und die Beschleunigung $\ddot{q}/(hp_2^2) = -0,6941$.

Zur Kontrolle werden diese Ergebnisse in die Gleichung (2.34) eingesetzt. Man erhält

$$\mathcal{R} = -0,6941 - 0,4082 \cdot (-1) \cdot 0,8706 + 1,0417 \cdot 0,3289 + 0,2083(0,9810 - 1)$$

und somit $\mathcal{R} = -6,36 \cdot 10^{-5}$.

Der zweite Bewegungsabschnitt endet mit der Geschwindigkeit $\dot{q}/(hp_2) = 0,5103$ in der Lage $q/h = 0,6426$ und mit der Beschleunigung $\ddot{q}/(hp_2^2) = -0,8737$.

Das sind die Anfangsbedingungen für den dritten Abschnitt, in welchem $\mathrm{sign}(F_{N1}) = 1$ und $\mathrm{sign}(\dot{q}) = 1$ gelten.

In diesem dritten Abschnitt sind

$$\frac{\beta}{2p_2} = -\mu\frac{\Omega}{p_2}\mathrm{sign}(F_{N1}) \cdot \mathrm{sign}(\dot{q}) = -0,2041,$$

$$\frac{q_p}{h} = -\mu\left[\frac{g}{\omega^2 h} + \mathrm{sign}(F_{N1})\right]\mathrm{sign}(\dot{q}) = -0,2 \cdot (0,9810 + 1) = -0,3962.$$

Mit diesen Anfangsbedingungen und Werten können die Integrationskonstanten C_1, C_2, G_1, G_2, B_1 und B_2 für den dritten Abschnitt berechnet werden.

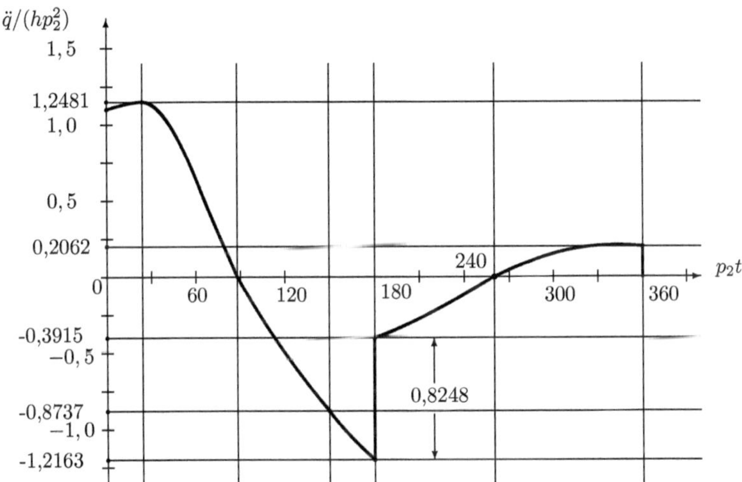

Abbildung 2.56: Beschleunigungsdiagramm mit Reibung

In diesem dritten Bewegungsabschnitt sind in der Lage $q/h = 0,7616$ die Geschwindigkeit $\dot{q}/(hp_2) = 0,1558$ und die Beschleunigung $\ddot{q}/(hp_2^2) = -1,1425$. Zur Kontrolle werden diese Ergebnisse in die Gleichung (2.34) eingesetzt. Man erhält

$$\mathcal{R} = -1,1425 - 0,4082 \cdot 0,1558 + 1,0417 \cdot 0,7616 + 0,2083(0,9810 + 1)$$

und somit $\mathcal{R} = -9,65 \cdot 10^{-5}$.

Der dritte Bewegungsabschnitt endet mit der Geschwindigkeit $\dot{q}/(hp_2) = 0$ in der Lage $q/h = \tilde{q}/h = 0,7720$ und mit der Beschleunigung $\ddot{q}/(hp_2^2) = -1,2163$.

Weil sich diese Lage außerhalb des Gleichgewichtsbereiches $(-0,4952, 0,4952)$ befindet, geht die Bewegung mit negativer Geschwindigkeit weiter.

Das sind die Anfangsbedingungen für den vierten Abschnitt, in welchem $\operatorname{sign}(F_{N1}) = 1$ und $\operatorname{sign}(\dot{q}) = -1$ gelten.

In diesem vierten Abschnitt sind

$$\frac{\beta}{2p_2} = -\mu\frac{\Omega}{p_2}\operatorname{sign}(F_{N1}) \cdot \operatorname{sign}(\dot{q}) = 0,2041,$$

$$\frac{q_p}{h} = -\mu\left[\frac{g}{\omega^2 h} + \operatorname{sign}(F_{N1})\right]\operatorname{sign}(\dot{q}) = -0,2 \cdot (0,9810 + 1) = -0,3962.$$

Mit diesen Anfangsbedingungen und Werten können die Integrationskonstanten C_1, C_2, G_1, G_2, B_1 und B_2 für den vierten Abschnitt berechnet werden.

Durch den Vorzeichenwechsel der Geschwindigkeit in der Lage $\tilde{q}/h = 0,7720$ ändert sich auch die Richtung der Gleitreibungskraft F_g, die vor dem Vorzeichenwechsel in die negative q-Richtung und nach dem Vorzeichenwechsel in die positive q-Richtung orientiert ist.

Die Gl. (2.33) ist beim erreichen der Lage $\tilde{q}/h = 0,7720$

$$\frac{\ddot{q}_e}{hp_2^2} + \left(\frac{\Omega}{p_2}\right)^2\frac{\tilde{q}}{h} = -\mu\left(\frac{\Omega}{p_2}\right)^2\left[\frac{g}{h\Omega^2} + 1\right] = -0,4127$$

und beim verlassen dieser Lage gilt

$$\frac{\ddot{q}_v}{hp_2^2} + \left(\frac{\Omega}{p_2}\right)^2\frac{\tilde{q}}{h} = \mu\left(\frac{\Omega}{p_2}\right)^2\left[\frac{g}{h\Omega^2} + 1\right] = 0,4127.$$

Daraus ergibt sich aus der Bewegungsdifferentialgleichung die sprunghafte Veränderung der Beschleunigung

$$\frac{\ddot{q}_v}{hp_2^2} - \frac{\ddot{q}_e}{hp_2^2} = 0,8254.$$

Die mit dem Anstückelungsverfahren und dem Bewegungs-, Geschwindigkeits- und Beschleunigungsgesetz berechnete Beschleunigung am Anfang des vierten Bewegungsabschnittes ist $\ddot{q}_v/(hp_2^2) = -0,3915$.

Im Vergleich zur Beschleunigung am Ende des dritten Bewegungsabschnittes $\ddot{q}_e/(hp_2^2) = -1,2163$ ergibt sich die sprunghafte Veränderung gleich mit $0,8248$, die sich durch $6 \cdot 10^{-4}$ unterscheiden.

In diesem vierten Bewegungsabschnitt sind in der Lage $q/h = 0,3170$ die Geschwindigkeit $\dot{q}/(hp_2) = -0,2211$ und die Beschleunigung $\ddot{q}/(hp_2^2) = 0,1728$.

Zur Kontrolle werden diese Ergebnisse in die Gleichung (2.34) eingesetzt. Man erhält

$$\mathcal{R} = 0,1728 - 0,4082 \cdot (-1) \cdot (-0,2211) + 1,0417 \cdot 0,3170 - 0,2083(0,9810 + 1)$$

und somit $\mathcal{R} = 5,72 \cdot 10^{-5}$.

Der vierte Bewegungsabschnitt endet mit der Geschwindigkeit $\dot{q}/(hp_2) = 0$ in der Lage $q/h = \tilde{q}/h = 0,1983$ und mit der Beschleunigung $\ddot{q}/(hp_2^2) = 0,2062$.

Weil sich diese Lage innerhalb des Gleichgewichtsbereiches $(-0,4952, 0,4952)$ befindet, bleibt der Körper in dieser Lage und die Beschleunigung geht auf null.

2.9.3.2 Phasenkurven für $c = 2m\Omega^2$ und Reibung

Die Abb. 2.57 zeigt in der Phasenebene mit den dimensionslosen Koordinatenachsen q/h und $\dot{q}/(hp_2)$ Phasenkurven für verschiedenen Anfangsbedingungen.

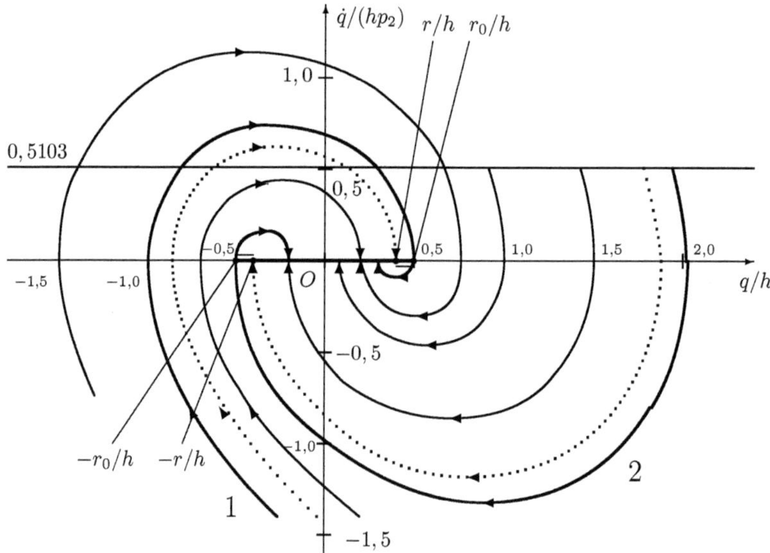

Abbildung 2.57: Phasenkurven für $c = 2m\Omega^2$ mit Reibung

Alle Phasenkurven münden in den Gleichgewichtsbereich $(-r_0/h, r_0/h) = (-0,4952; 0,4952)$.

Die Phasenkurven 1 und 2, die mit dickem Strich eingezeichnet sind, sind *Grenzkurven*.

Sie trennen in der Phasenebene die Bereiche, aus welchen die Phasenkurven mit positiver bzw. negativer Geschwindigkeit in den Gleichgewichtsbereich $(-r_0/h, r_0/h)$ einmünden.

Weil die Gleitreibungskraft für positive Geschwindigkeiten kleiner ist als die für negative Geschwindigkeiten, sind die Schwingungswege in den positiven Halbschwingungen größer als die in den negativen Halbschwingungen.

Die Halbschwingung, die in der Lage $q/h = -1,5000$ beginnt und mit positiver Geschwindigkeit verläuft, endet in der Lage $q/h = 0,7720$ und der

Schwingungsweg ist $|0, 7720 - (-1, 5000)| = 2, 2720$.

Die Halbschwingung, die in der Lage $q/h = 1, 5000$ beginnt und mit negativer Geschwindigkeit verläuft, endet in der Lage $q/h = -0, 1851$ und der Schwingungsweg ist $|-0, 1851 - 1, 5000| = 1, 6851$.

Das ist ein Unterschied von 0,5869, somit ein um 25,83 % kleinerer Schwingungsweg für die Bewegung in die negative Richtung.

Eine Besonderheit der Gleichgewichtslagen innerhalb des Bereiches $(-r_0/h, r_0/h)$ besteht im unterschiedlichen Verhalten des Körpers auf positive oder negative Anfangsgeschwindigkeiten mit Anfangslagen in den Bereichen $(-r_0/h, -r/h)$ und $(r/h, r_0/h)$ im Vergleich zu den Anfangslagen im Bereich $(-r/h, r/h) = (-0, 3962; 0, 3962)$.

Die Abb. 2.58 zeigt qualitativ den Anfangsverlauf von Phasenkurven für verschiedene Anfangslagen in der Umgebung des Abschnittes $(r/h, r_0/h)$ mit unterschiedlichen Anfangsgeschwindigkeiten, die in der Abb. 2.58 mit kleinen Kreisen eingezeichnet sind.

Die Anfangsbedingung a entspricht einer Gleichgewichtslage.

Die Anfangsbedingung a_p entspricht der gleichen Anfangslage a mit einer kleinen positiven Anfangsgeschwindigkeit. Die Phasenkurve der entsprechenden Bewegung zeigt, dass sich der Körper in eine benachbarte Gleichgewichtslage in die positive Richtung verschiebt.

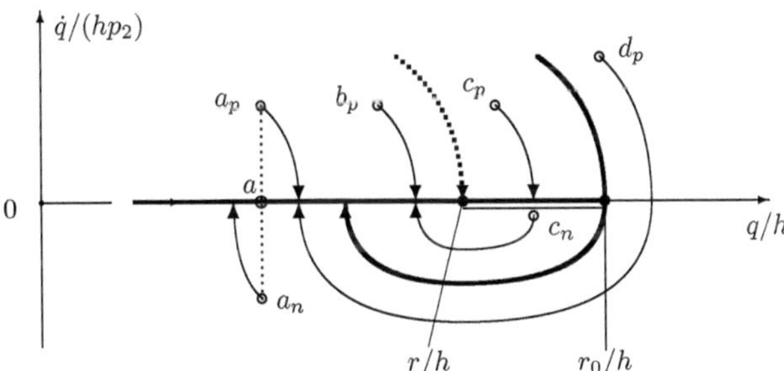

Abbildung 2.58: Phasenkurven für verschiedene Anfangsbedingungen o für $q/h > 0$ in der Umgebung des Abschnittes $(r/h, r_0/h)$

Die Anfangsbedingung a_n entspricht der gleichen Anfangslage a mit einer kleinen negativen Anfangsgeschwindigkeit. Die Phasenkurve der entsprechenden Bewegung zeigt, dass sich der Körper in eine benachbarte Gleichgewichtslage in die negative Richtung verschiebt.

Weil die Gleitreibungskraft in die negative Richtung größer ist als die in die positive Richtung, ist bei Anfangsgeschwindigkeiten mit gleichen Beträgen die Auslenkung aus der Anfangslage in die negative Richtung kleiner als die in die positive Richtung.

Die Anfangsbedingung b_p entspricht einer Anfangslage im Bereich $q/h <$ r/h mit einer kleinen positiven Anfangsgeschwindigkeit. Die Phasenkurve der entsprechenden Bewegung zeigt, dass sich der Körper in eine benachbarte Gleichgewichtslage in die positive Richtung verschiebt.

Die Anfangsbedingung c_p entspricht einer Anfangslage im Abschnitt $(r/h, r_0/h)$ mit einer kleinen positiven Anfangsgeschwindigkeit. Die Phasenkurve zeigt, dass sich der Körper in die positive Richtung in eine benachbarte Gleichgewichtslage verschiebt.

Die Anfangsbedingung c_n entspricht einer Anfangslage im Abschnitt $(r/h, r_0/h)$ mit einer kleinen negativen Anfangsgeschwindigkeit. Die Phasenkurve der entsprechenden Bewegung zeigt, dass sich der Körper in die negative Richtung bewegt und in einer Lage links von $q/h = r/h$ zum Stillstand kommt.

Die Anfangszustände mit Anfangslagen zwischen $(r/h, r_0/)$ mit kleinen positiven Anfangsgeschwindigkeiten verschieben den Körper in eine benachbarte Gleichgewichtslage so wie bei Anfangslagen zwischen $-r/h$ und r/h.

Die Anfangszustände mit Anfangslagen zwischen $(r/h, r_0/h)$ mit kleinen negativen Anfangsgeschwindigkeiten verschieben den Körper in Gleichgewichtslagen links von r/h und unterscheiden sich dadurch von den Anfangslagen zwischen $-r/h$ und r/h, bei welchen eine kleine negative Anfangsgeschwindigkeit eine Verschiebung in eine benachbarte Gleichgewichtslage verursacht.

Die Anfangsbedingung d_p mit einer Anfangslage außerhalb des Gleichgewichtsbereiches und einer positiven Anfangsgeschwindigkeit führt auf eine Bewegung in die positive Richtung bis zu einem Umkehrpunkt. Danach bewegt sich der Körper in die negative Richtung und kommt in einer Lage links von r/h zum Stillstand.

Ein analoges Verhalten gibt es auch für Anfangslagen im Abschnitt $(-r_0/h, -r/h)$ mit entgegengesetzten Vorzeichen.

2.9.3.3 Bilanzgleichung

Für den Fall $c > m\Omega^2$ ist die Bewegungsdifferentialgleichung

$$m\ddot{q} - 2\mu m\Omega\dot{q} \cdot \mathrm{sign}(F_{N1}) \cdot \mathrm{sign}(\dot{q}) + (c - m\Omega^2)q$$

$$= -\mu\Big[mg + m\Omega^2 h \cdot \mathrm{sign}(F_{N1})\Big] \cdot \mathrm{sign}(\dot{q}).$$

Mit den Bezeichnungen

$$\beta = -2\mu\Omega \cdot \mathrm{sign}(F_{N1}) \cdot \mathrm{sign}(\dot{q}), \quad f_0 = \mu\Omega^2 h\Big[\frac{g}{h\Omega^2} + \mathrm{sign}(F_{N1})\Big] \cdot \mathrm{sign}(\dot{q})$$

ist die Bewegungsdifferentialgleichung nach Division durch m

$$\ddot{q} + (c/m - \Omega^2)q = -\beta\dot{q} - f_0.$$

Die Gleichung wird mit dq multipliziert,

$$\ddot{q} \cdot dq + (c/m - \Omega^2)q \cdot dq = -\beta\dot{q} \cdot dq - f_0 \cdot dq,$$

und folgende Beziehungen werden berücksichtigt

$$\ddot{q} \cdot dq = \frac{d\dot{q}}{dt} \cdot dq = d\dot{q} \cdot \frac{dq}{dt} = d\dot{q} \cdot \dot{q} = d\Big(\frac{1}{2}\dot{q}^2\Big),$$

$$qdq = d\Big(\frac{1}{2}q^2\Big), \qquad \dot{q} \cdot dq = \dot{q} \cdot \frac{dq}{dt}dt = \dot{q}^2 dt.$$

Man erhält die Bilanzgleichung in Differentialform

$$d\Big(\frac{1}{2}\dot{q}^2\Big) + (c/m - \Omega^2) \cdot d\Big(\frac{1}{2}q^2\Big) = -\beta\dot{q}^2 \cdot dt - f_0 \cdot dq.$$

Das Integral zwischen den Anfangszeitpunkt $t = 0$ mit $q(0) = q_0$ und $\dot{q}(0) = v_0$ und dem Zeitpunkt t mit dem Lageparameter q und der Geschwindigkeit $\dot{q}$ ergibt die Bilanzgleichung

$$\frac{1}{2}\dot{q}^2 + (c/m - \Omega^2) \cdot \frac{1}{2}q^2 - \Big[\frac{1}{2}v_0^2 + (c/m - \Omega^2)\frac{1}{2}q_0^2\Big] = \mathcal{A}_1 + \mathcal{A}_2.$$

Hier sind

$$\mathcal{A}_1 = -\beta\int_0^t \dot{q}^2 \cdot dt \qquad \text{und} \qquad \mathcal{A}_2 = -f_0\int_{q_0}^q dq = -f_0 \cdot (q - q_0)$$

die *mechanische Arbeit der Gleitreibungskraft*.

Für den hier angenommenen Sonderfall $c = 2m\Omega^2$ gilt

$$\frac{1}{2}\dot{q}^2 + \Omega^2 \cdot \frac{1}{2}q^2 - \left[\frac{1}{2}v_0^2 + \Omega^2\frac{1}{2}q_0^2\right] = \mathcal{A}_1 + \mathcal{A}_2.$$

Diese Gleichung wird durch $h^2 p_2^2$ geteilt und man erhält die *Bilanzgleichung in dimensionsloser Form*

$$\frac{1}{2}\left(\frac{\dot{q}}{hp_2}\right)^2 + \left(\frac{\Omega}{p_2}\right)^2\frac{1}{2}\left(\frac{q}{h}\right)^2 - \left[\frac{1}{2}\left(\frac{v_0}{hp_2}\right)^2 + \left(\frac{\Omega}{p_2}\right)^2\frac{1}{2}\left(\frac{q_0}{h}\right)^2\right] = \frac{1}{(hp_2)^2}\left(\mathcal{A}_1 + \mathcal{A}_2\right).$$

Zur Berechnung der Abweichungen dient die Gleichung

$$\mathcal{B} = \frac{1}{2}\left(\frac{\dot{q}}{hp_2}\right)^2 + \left(\frac{\Omega}{p_2}\right)^2\frac{1}{2}\left(\frac{q}{h}\right)^2$$

$$-\left[\frac{1}{2}\left(\frac{v_0}{hp_2}\right)^2 + \left(\frac{\Omega}{p_2}\right)^2\frac{1}{2}\left(\frac{q_0}{h}\right)^2\right] - \frac{1}{(hp_2)^2}\left(\mathcal{A}_1 + \mathcal{A}_2\right). \qquad (2.38)$$

Das Gesetz der Relativgeschwindigkeit $\dot{q}(t)$ ist

$$\dot{q} = e^{-(\beta/(2p_2))\cdot p_2 t}p_2[G_1\cos(p_2 t) + G_2\sin(p_2 t)]$$

mit

$$G_1 = -\frac{\beta}{2p_2}C_1 + C_2 = \frac{v_0}{p_2}, \qquad G_2 = -\frac{\beta}{2p_2}C_2 - C_1.$$

Dieses Gesetz kann auch in der Form

$$\dot{q} = \hat{q}e^{-(\beta/(2p_2))\cdot p_2 t}p_2\sin(p_2 t - \alpha) \qquad (2.39)$$

mit

$$\hat{q} = \sqrt{G_1^2 + G_2^2}, \qquad \tan(\alpha) = -\frac{G_1}{G_2}$$

geschrieben werden.

Mit dieser Form für das Gesetz der Relativgeschwindigkeit $\dot{q}(t)$ kann die Arbeit $\mathcal{A}_1$ mit dem Integral $\mathcal{I}$ berechnet werden

$$\mathcal{I} = \int_0^x e^{ax}\sin^2(x)\cdot dx = \frac{e^{ax}}{a^2+4}\left(a\cdot\sin^2(x) - \sin(2x) + \frac{2}{a}\right) - \frac{1}{a^2+4}\cdot\frac{2}{a}. \quad (2.40)$$

Mit den angenommenen Parameterwerten

$$c = 2m\Omega^2, \quad \Omega^2 h = 10\,\text{m/s}^2, \quad \mu = 0,2, \quad \Omega = 1,0206\,p_2,$$

$$\Omega^2 = 1,0417\,p_2^2, \quad f_0 = 0,4127(hp_2)^2, \quad \beta/(2p_2) = 0,2041$$

wird die Halbschwingung mit den Anfangsbedingungen $q_0/h = 1,0000$ und $v_0/(hp_2) = 0$ betrachtet. Sie verläuft mit negativer Geschwindigkeit in einem Bereich mit $F_{N1} > 0$.

Somit gilt für diese Anfangsbedingungen $\mathrm{sign}(\dot{q}) = -1$ und $\mathrm{sign}(F_{N1}) = 1$ sowie $\beta/(2p_2) = 0,2041$.

Das *Bewegungs- , Geschwindikeits- und Beschleunigungsgesetz* sind

$$\frac{q}{h} = e^{-0,2041 p_2 t}\Big[0,6038\cos(p_2 t) + 0,1232\sin(p_2 t)\Big] + 0,3962,$$

$$\frac{\dot{q}}{hp_2} = -e^{-0,2041 p_2 t} \cdot 0,6289 \cdot \sin(p_2 t), \qquad (2.41)$$

$$\frac{\ddot{q}}{hp_2^2} = e^{-0,2041 p_2 t}\Big[-0,6289\cos(p_2 t) + 0,1284\sin(p_2 t)\Big].$$

Zum Zeitpunkt $p_2 t = 80^0 \;\rightarrow\; 80 \cdot \pi/180 = 1,3963$ rad erhält man

$$\frac{q}{h} = 0,5663, \qquad \frac{\dot{q}}{hp_2} = -04658, \qquad \frac{\ddot{q}}{hp_2^2} = 0,0130.$$

Zur Überprüfung wird das Residuum

$$\mathcal{R} = \frac{\ddot{q}}{hp_2^2} - 0,4082 \cdot \mathrm{sign}(F_{N1}) \cdot \mathrm{sign}(\dot{q}) \cdot \frac{\dot{q}}{hp_2} + 1,0417 \cdot \frac{q}{h}$$

$$+0,2083\Big[0,9810 + \mathrm{sign}(F_{N1})\Big]\mathrm{sign}(\dot{q})$$

berechnet. Man erhält

$$\mathcal{R} = 0,0130 + 0,4082 \cdot (-04658) + 1,0417 \cdot 0,5663 - 0,2083 \cdot 1,9810$$

somit $\mathcal{R} = 1,33 \cdot 10^{-4}$.

Mit diesen Zahlenwerten wird auch die Bilanzgleichung (2.38) überprüft.

Der Vergleich der Gleichungen (2.39) und (2.41) zeigt, dass mit $\hat{q} = 0,6289$, $\alpha = 0$, $a = -0,4082$ und $x = p_2 t$ das Integral $\mathcal{I}$, Gleichung (2.40), berechnet werden kann. Man erhält

$$\mathcal{A}_1 = -\beta \int_0^t \dot{q}^2 \cdot dt = -\beta \cdot (0,6289)^2 (hp_2)^2 \int_0^{p_2 t} e^{-0,4082 p_2 t} \sin^2(p_2 t)\frac{1}{p_2}d(p_2 t)$$

$$= -\frac{\beta}{p_2} \cdot (0,6289)^2 (hp_2)^2 \int_0^{p_2 t} e^{-0,4082\,p_2 t} \sin^2(p_2 t)d(p_2 t)$$

$$= -\frac{\beta}{p_2} \cdot (0,6289)^2 (hp_2)^2 \cdot \mathcal{I}$$

mit

$$\mathcal{I} = \int_0^{p_2 t} e^{-0,4082\,p_2 t} \sin^2(p_2 t)\, d(p_2 t) = 0,4107(hp_2)^2 \;\rightarrow\; \mathcal{A}_1 = -0,0663\,(hp_2)^2.$$

Weiter gilt

$$\mathcal{A}_2 = -f_0 \cdot (q - q_0) = -(-0,4127)(0,5663 - 1,0000) = -0,1790(hp_2)^2$$

sowie

$$\frac{1}{2}\left(\frac{\dot{q}}{hp_2}\right)^2 + \left(\frac{\Omega}{p_2}\right)^2 \frac{1}{2}\left(\frac{q}{h}\right)^2 - \left[\frac{1}{2}\left(\frac{v_0}{hp_2}\right)^2 + \left(\frac{\Omega}{p_2}\right)^2 \frac{1}{2}\left(\frac{q_0}{h}\right)^2\right]$$
$$= 0,2755 - 0,5208 = -0,2453.$$

Die Abweichung ist $\mathcal{B} = -0,2453 + (0,0663 + 0,1790) = 0$.

Zum Zeitpunkt $p_2 t = 180^0 \;\rightarrow\; 180 \cdot \pi/180 = 3,1416$ rad erhält man

$$\frac{q}{h} = 0,0782, \qquad \frac{\dot{q}}{hp_2} = 0, \qquad \frac{\ddot{q}}{hp_2^2} = 0,3312.$$

Zur Überprüfung wird das Residuum berechnet. Man erhält

$$\mathcal{R} = 0,3312 + 0,4082 \cdot 0 + 1,0417 \cdot 0,0782 - 0,2083 \cdot 1,9810 = 1,86 \cdot 10^{-4}.$$

Mit diesen Zahlenwerten wird auch die Bilanzgleichung (2.38) überprüft. Man erhält

$$\mathcal{A}_1 = -\frac{\beta}{p_2} \cdot (0,6289)^2 (hp_2)^2 \int_0^{p_2 t} e^{-0,4082\,p_2 t} \sin^2(p_2 t)\, d(p_2 t) = -0,1372(hp_2)^2.$$

Weiter gilt

$$\mathcal{A}_2 = -f_0 \cdot (q - q_0) = -(-0,4127)(0,0,0782 - 1,0000) = -0,3804(hp_2)^2$$

sowie

$$\frac{1}{2}\left(\frac{\dot{q}}{hp_2}\right)^2 + \left(\frac{\Omega}{p_2}\right)^2 \frac{1}{2}\left(\frac{q}{h}\right)^2 - \left[\frac{1}{2}\left(\frac{v_0}{hp_2}\right)^2 + \left(\frac{\Omega}{p_2}\right)^2 \frac{1}{2}\left(\frac{q_0}{h}\right)^2\right]$$
$$= 0,0032 - 0,5208 = -0,5176.$$

Die Abweichung ist $\mathcal{B} = -0,5176 + (0,1372 + 0,3804) = 0$.

2.9.4 Der Fall $c = m\Omega^2$

Für diesen Fall ist die *Bewegungsdifferentialgleichung*

$$m\ddot{q} - 2\mu m\Omega\dot{q} \cdot \text{sign}(F_{N1}) \cdot \text{sign}(\dot{q}) = -\mu\big[mg + m\Omega^2 h \cdot \text{sign}(F_{N1})\big] \cdot \text{sign}(\dot{q}).$$

Zur Darstellung der Gesetze der Bewegung und der Phasenkurven werden die folgenden Parameterwerte angenommen:

$$c = m\Omega^2, \quad h\Omega^2 = 10\,\text{m/s}^2, \quad \mu = 0,2, \quad \mu_0 = 0,25.$$

Die Bewegungsdifferentialgleichung wird durch m geteilt und mit der Bezeichnung

$$\beta = -2\mu\Omega \cdot \text{sign}(F_{N1}) \cdot \text{sign}(\dot{q})$$

und

$$f_0 = \mu\Omega^2 h\Big[\frac{g}{\Omega^2 h} + \text{sign}(F_{N1})\Big] \cdot \text{sign}(\dot{q})$$

folgt

$$\ddot{q} + \beta \cdot \dot{q} = -f_0$$

Die allgemeine Lösung der linearen nichthomogenen Bewegungsdifferentialgleichung besteht aus der allgemeinen Lösung q_{ho} der entsprechenden homogenen Differentialgleichung und der partikulären Lösung q_p der nichthomogenen Differentialgleichung.

Mit dem Lösungsansatz $q_{ho} = Ce^{\lambda t}$ für die homogene Differentialgleichung folgt die charakteristische Gleichung und deren Lösungen

$$\lambda^2 + \beta\lambda = 0, \qquad \lambda_1 = 0, \quad \lambda_2 = -\beta.$$

Somit gilt

$$q_{ho} = C_1 + C_2 e^{-\beta t}, \qquad \dot{q}_{ho} = -\beta C_2 e^{-\beta t}.$$

Die partikuläre Lösung q_p der nichthomogenen Differentialgleichung wird in der Form $q_p = D \cdot t$ angenommen.

In die nichthomogene Differentialgleichung eingesetzt folgt

$$\beta D = -f_0 \quad \rightarrow \quad D = -\frac{f_0}{\beta} \quad \rightarrow \quad q_p = -\frac{f_0}{\beta} \cdot t.$$

Somit ist die allgemeine Lösung $q = q_{ho} + q_p$ der Bewegungsdifferentialgleichung und deren Ableitung

$$q = C_1 + C_2 e^{-\beta t} - \frac{f_0}{\beta} \cdot t, \qquad \dot{q} = -\beta C_2 e^{-\beta t} - \frac{f_0}{\beta}.$$

Die Integrationskonstanten C_1 und C_2 werden mit Hilfe der Anfangsbedingungen $q(0) = q_0$ und $\dot{q}(0) = v_0$ bestimmt.
Eingesetzt in die entsprechenden Gesetze erhält man

$$q(0) = q_0 = C_1 + C_2, \qquad \dot{q}(0) = v_0 = -\beta C_2 - \frac{f_0}{\beta}.$$

Somit gilt

$$C_1 = q_0 + \frac{1}{\beta}\left(v_0 + \frac{f_0}{\beta}\right), \qquad C_2 = -\frac{1}{\beta}\left(v_0 + \frac{f_0}{\beta}\right).$$

Mit diesen Integrationskonstanten ist das *Bewegungsgesetz der Relativbewegung* $q(t)$

$$q = q_0 + \frac{1}{\beta}\left(v_0 + \frac{f_0}{\beta}\right) - \frac{1}{\beta}\left(v_0 + \frac{f_0}{\beta}\right)e^{-\beta t} - \frac{f_0}{\beta} \cdot t.$$

Die Gesetze der Relativgeschwindigkeit $\dot{q}(t)$ und der Relativbeschleunigung $\ddot{q}(t)$ sind

$$\dot{q} = \left(v_0 + \frac{f_0}{\beta}\right)e^{-\beta t} - \frac{f_0}{\beta}, \qquad \ddot{q} = -\beta\left(v_0 + \frac{f_0}{\beta}\right)e^{-\beta t}.$$

Aus dem Geschwindigkeitsgesetz ergibt sich auch der Zeitpunkt t^*, wenn bei gegebener Anfangsgeschwindigkeit v_0 der Körper zum Stillstand kommt,

$$\dot{q} = \left(v_0 + \frac{f_0}{\beta}\right)e^{-\beta t^*} - \frac{f_0}{\beta} = 0 \quad \rightarrow \quad t^* = \frac{1}{\beta}\ln\left(1 + \frac{v_0}{f_0/\beta}\right).$$

2.9.4.1   Gleichgewichtsbereich

Für $c = m\Omega^2$ ist die Resultierende der Federkraft $F_e = cq$ und der Komponente $F_{f2} = mq\Omega^2$ der Fliehkraft gleich mit null.
Daraus ergibt sich, dass *alle Lagen q Gleichgewichtslagen* sind.
Der Körper bewegt sich nur als Folge einer Anfangsgeschwindigkeit $\dot{q}(0) = v_0 \neq 0$.

2.9.4.2 Bewegungs-, Geschwindigkeits- und Beschleunigungsdiagramme

Die angenommenen Parameterwerten sind $c = m\Omega^2$, $\Omega^2 h = 10\,\mathrm{m/s}^2$ und $\mu = 0,20$.

In dimensionsloser Form ist das Gesetz der Relativbewegung q/h

$$\frac{q}{h} = \frac{q_0}{h} + \frac{\Omega}{\beta}\left(\frac{v_0}{h\Omega} + \frac{\Omega}{\beta}\frac{f_0}{h\Omega^2}\right) - \frac{\Omega}{\beta}\left(\frac{v_0}{h\Omega} + \frac{\Omega}{\beta}\frac{f_0}{h\Omega^2}\right)e^{-(\beta/\Omega)\Omega t} - \frac{\Omega}{\beta}\frac{f_0}{h\Omega^2}\cdot(\Omega t).$$

Die dimensionslose Gesetze der Relativgeschwindigkeit $\dot{q}/(h\Omega)$ und der Relativbeschleunigung $\ddot{q}/(h\Omega^2)$ sind

$$\frac{\dot{q}}{h\Omega} = \left(\frac{v_0}{h\Omega} + \frac{\Omega}{\beta}\frac{f_0}{h\Omega^2}\right)e^{-(\beta/\Omega)\Omega t} - \frac{\Omega}{\beta}\frac{f_0}{h\Omega^2}, \quad \frac{\ddot{q}}{h\Omega^2} = -\frac{\beta}{\Omega}\left(\frac{v_0}{h\Omega} + \frac{\Omega}{\beta}\frac{f_0}{h\Omega^2}\right)e^{-(\beta/\Omega)\Omega t}.$$

Für die Anfangsbedingungen $q(0) = q_0 = 0$ und $\dot{q}(0)/(h\Omega) = 0,5000$ gilt $\beta/\Omega = -0,4$, $f_0/(h\Omega^2) = 0,3962$ und diese Gesetze sind

$$q/h = 1,2262\left(1 - e^{0,4\,\Omega t}\right) + 0,9905\,(\Omega t),$$

$$\dot{q}/(h\Omega) = -0,4905e^{0,4\,\Omega t} + 0,9905, \qquad \ddot{q}/(h\Omega^2) = -0,1962e^{0,4\,\Omega t}$$

und $\Omega t^* = 100,67^0 \;\rightarrow\; 100,67\pi/180$ rad.

Die Gesetze für $y_0/h = 0$ und $v_0/(h\Omega) = 0,5000$ sind in derAbbildung 2.59 mit dicken Linien dargestellt.

Für die Anfangsbedingungen $q(0) = q_0 = 0$ und $\dot{q}(0)/(h\Omega) = -0,5000$ gilt $\beta/\Omega = 0,4$, $f_0/(h\Omega^2) = -0,3962$ und diese Gesetze sind

$$q/h = -3,7263\left(1 - e^{-0,4\,\Omega t}\right) + 0,9905\,(\Omega t),$$

$$\dot{q}/(h\Omega) = -1,4905e^{-0,4\,\Omega t} + 0,9905, \qquad \ddot{q}/(h\Omega^2) = 0,5962e^{-0,4\,\Omega t}$$

und $\Omega t^* = 58,54^0 \;\rightarrow\; 58,54\pi/180$ rad.

Die Gesetze für $q_0/h = 0$ und $v_0/(h\Omega) = -0,5000$ sind in der Abbildung 2.59 mit dünnen Linien dargestellt.

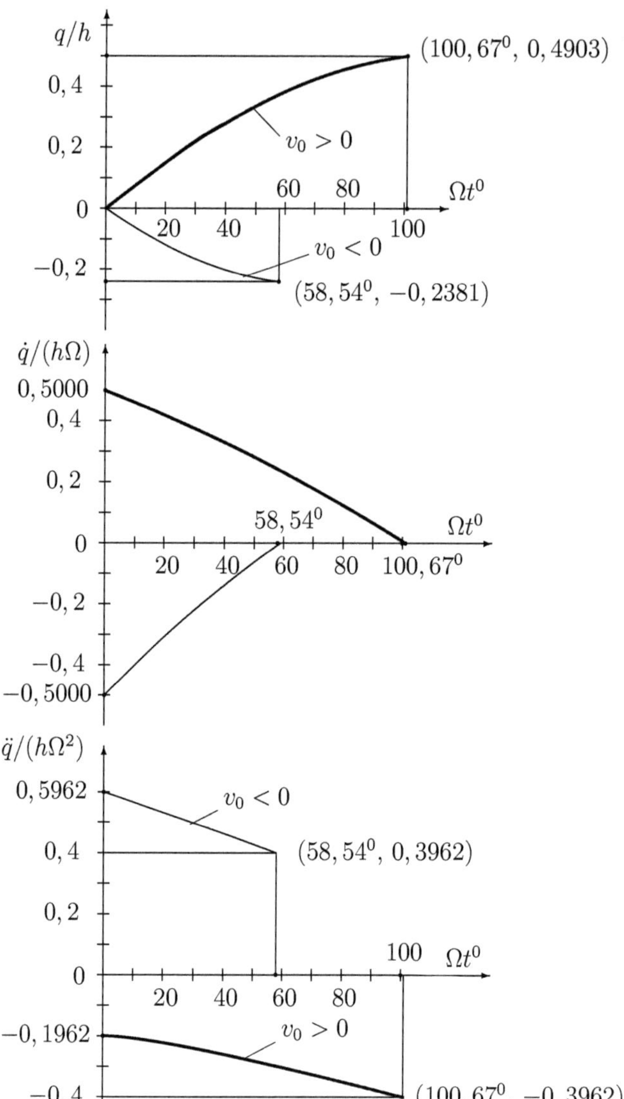

Abbildung 2.59: Bewegungs-, Geschwindigkeits- und Beschleunigungsdiagramm mit Reibung

2.9.4.3 Phasenkurven für $c = m\Omega^2$ und Reibung

Die Abb.2.60 zeigt in der Phasenebene mit den Koordinatenachsen q/h und
$\dot{q}/(h\Omega)$ Phasenkurven mit der Anfangsgeschwindigkeit $v_0/(h\Omega) = 0,5000$
und den Anfangslagen $q_0/h = -0,3$; 0 und 0,3 sowie mit der Anfangsgeschwindigkeit $v_0/(h\Omega) = -0,5000$ und den Anfangslagen $q_0/h = -0,3$; 0
und 0,3.

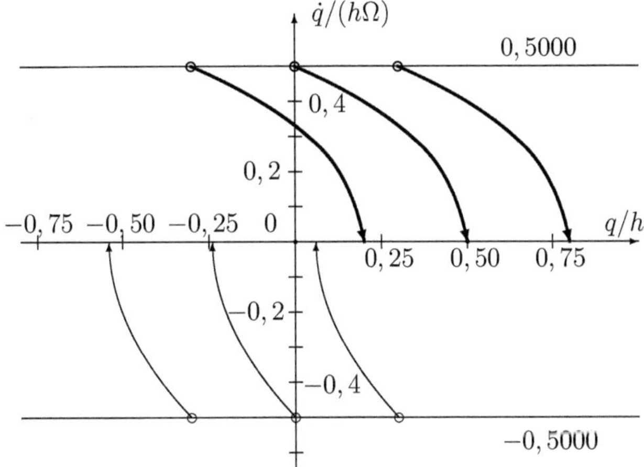

Abbildung 2.60: Phasenkurven für den Körper mit Reibung und $c = m\Omega^2$

Weil die Gleitreibungskraft bei der Bewegung in die negative Richtung
größer ist als die in die positive Richtung, sind auch die Auslenkungen in
die negative Richtung kleiner als die in die positive Richtung.

Mit $v_0/(h\Omega) = -0,5000$ ist die auf h bezogene Auslenkung gleich mit $0,2381$
und für $v_0/(h\Omega) = 0,5000$ ist sie gleich mit $0,4903$.

Das ist ein Unterschied von $(0,4903 - 0,2381)/0,4903 = 51,44\%$.

2.9.5 Der Fall $c < m\Omega^2$

Für diesen Fall ist die *Bewegungsdifferentialgleichung*

$$m\ddot{q} - 2\mu m\Omega\dot{q} \cdot \text{sign}(F_{N1}) \cdot \text{sign}(\dot{q}) - (m\Omega^2 - c)q$$

$$= -\mu\Big[mg + m\Omega^2 h \cdot \text{sign}(F_{N1})\Big] \cdot \text{sign}(\dot{q}).$$

Zur Darstellung der Gesetze der Bewegung und der Phasenkurven werden die folgenden Parameterwerte angenommen:

$$c = \frac{1}{2}m\Omega^2, \qquad h\Omega^2 = 10\,\text{m/s}^2, \qquad \mu = 0,2, \quad \mu_0 = 0,25.$$

Die Bewegungsdifferentialgleichung wird durch m geteilt und mit den Bezeichnungen

$$\beta = -2\mu\Omega \cdot \text{sign}(F_{N1}) \cdot \text{sign}(\dot{q}),$$

und

$$f_0 = \mu\Omega^2 h\Big[\frac{g}{\Omega^2 h} + \text{sign}(F_{N1})\Big] \cdot \text{sign}(\dot{q})$$

folgt

$$\ddot{q} + \beta \cdot \dot{q} - (\Omega^2 - c/m)q = -f_0.$$

Mit $c = m\Omega^2/2$ erhält man

$$\ddot{q} + \beta \cdot \dot{q} - \frac{1}{2}\Omega^2 q = -f_0.$$

Die allgemeine Lösung dieser linearen nichthomogenen Bewegungsdifferentialgleichung besteht aus der allgemeinen Lösung q_{ho} der entsprechenden homogenen Differentialgleichung und der partikulären Lösung q_p der nichthomogenen Differentialgleichung.

Mit dem Lösungsansatz $q_{ho} = Ce^{\lambda t}$ für die homogene Differentialgleichung folgt die charakteristische Gleichung

$$\lambda^2 + \beta\lambda - \frac{1}{2}\Omega^2 = 0$$

mit den Lösungen

$$\lambda_1 = -\frac{\beta}{2} + p_3, \qquad \lambda_2 = -\frac{\beta}{2} - p_3, \qquad p_3 = \Omega\sqrt{\Big(\frac{\beta}{2\Omega}\Big)^2 + \frac{1}{2}}.$$

Somit gilt

$$q_{ho} = C_1 e^{\lambda_1 t} + C_2 e^{\lambda_2 t}, \qquad \dot{q}_{ho} = \lambda_1 C_1 e^{\lambda_1 t} + \lambda_2 C_2 e^{\lambda_2 t}.$$

Die partikuläre Lösung q_p der nichthomogenen Differentialgleichung wird in der Form $q_p = D$ angenommen.

In die nichthomogene Differentialgleichung eingesetzt folgt

$$-\frac{1}{2}\Omega^2 D = -f_0 \quad \rightarrow \quad D = \frac{2f_0}{\Omega^2} \quad \rightarrow \quad q_p = \frac{2f_0}{\Omega^2}.$$

Somit ist die allgemeine Lösung $q = q_{ho} + q_p$ der Bewegungsdifferentialgleichung und deren Ableitung

$$q = C_1 e^{\lambda_1 t} + C_2 e^{\lambda_2 t} + 2f_0/\Omega^2, \qquad \dot{q} = \lambda_1 C_1 e^{\lambda_1 t} + \lambda_2 C_2 e^{\lambda_2 t}$$

Die Integrationskonstanten C_1 und C_2 werden mit Hilfe der Anfangsbedingungen $q(0) = q_0$ und $\dot{q}(0) = v_0$ bestimmt.

Eingesetzt in die entsprechenden Gesetze erhält man

$$q(0) = q_0 = C_1 + C_2 + 2f_0/\Omega^2, \qquad \dot{q}(0) = v_0 = \lambda_1 C_1 + \lambda_2 C_2.$$

Somit gilt

$$C_1 = -\frac{1}{2p_3}\left[\lambda_2\left(q_0 - 2f_0/\Omega^2\right) - v_0\right], \qquad C_2 = \frac{1}{2p_3}\left[\lambda_1\left(q_0 - 2f_0/\Omega^2\right) - v_0\right]$$

Mit diesen Integrationskonstanten sind das *Bewegungsgesetz* der Relativbewegung sowie die Gesetze der Relativgeschwindigkeit und Relativbeschleunigung

$$q = C_1 e^{\lambda_1 t} + C_2 e^{\lambda_2 t} + 2f_0/\Omega^2, \qquad \dot{q} = \lambda_1 C_1 e^{\lambda_1 t} + \lambda_2 C_2 e^{\lambda_2 t},$$

$$\ddot{q} = \lambda_1^2 C_1 e^{\lambda_1 t} + \lambda_2^2 C_2 e^{\lambda_2 t}.$$

2.9.5.1   Gleichgewichtsbereich für $c = \frac{1}{2}m\Omega^2$

In einem stationären Zustand des Systems ohne Reibung gilt $\dot{q} = 0$ und $\ddot{q} = 0$. Daraus folgt, dass $q = 0$ ein *stationären Zustand* also eine *relative Gleichgewichtslage* ist.

In den Zuständen mit $\dot{q} = 0$ wirkt anstelle der Gleitreibungskraft eine Haftreibungskraft. Das ist eine Reaktionskraft, welche der Verlagerungstendenz, die dem Körper durch die Federkraft cq und durch die Fliehkraft $m\Omega^2 q$ aufgezwungen wird, entgegengesetzt ist.

Die *Haftreibungskraft* kann den Wert $F_{hmax} = \mu_0 m(\Omega^2 h + g)$ nicht überschreiten.

Um die Gleichgewichtslage $q = 0$ bildet sich ein *Gleichgewichtsbereich*, im welchem $|(m\Omega^2 - c)q| < F_{hmax}$ gilt.

Die Grenzen dieses Gleichgewichtsbereiches erhält man aus der Gleichgewichtsbedingung $|(m\Omega^2 - c)q| = F_{hmax}$ mit den Lösungen für $c = m\Omega^2/2$ und $h\Omega^2 = 10\,\text{m/s}^2$ gleich mit

$$q = r_0 = F_{hmax}/(m\Omega^2 - c) = 0,9905h \qquad q = -r_0 = -0,9905h.$$

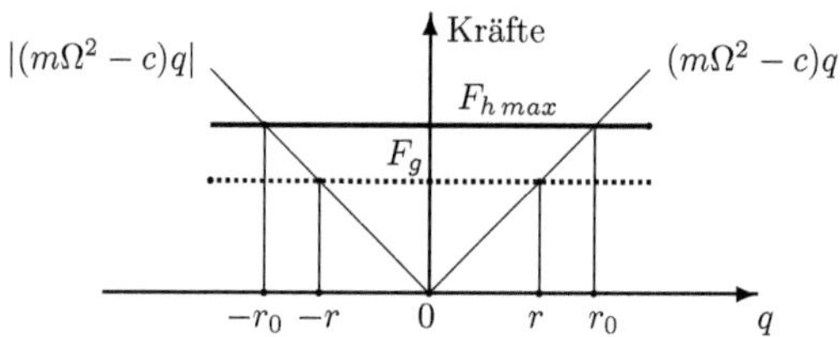

Abbildung 2.61: Kräfte und Gleichgewichtsbereich

Die Abb. 2.61 zeigt diese Kräfte und den Bereich $(-r_0,\ r_0)$, in welchem der Betrag der Resultierenden der Komponente $m\Omega^2 q$ der Fliehkraft und der Federkraft cq kleiner ist als der maximale Betrag die Haftreibungskraft.

Die Abb. 2.61 zeigt auch den Bereich $(-r,\ r)$, in welchem diese Resultierende der Komponente $m\Omega^2 q$ der Fliehkraft und der Federkraft cq kleiner ist als die Gleitreibungskraft für $\dot{q} = 0$, die gleich ist mit $F_g = \mu m(\Omega^2 h + g)$,

$$q = r = F_g/(m\Omega^2 - c) = 0,7924h \quad q = -r = -F_g/(m\Omega^2 - c) = -0,7924h.$$

2.9.5.2 Bewegungs-, Geschwindigkeits- und Beschleunigungsdiagramme

In dimensionsloser Form ist das Gesetz der Relativbewegung q/h

$$\frac{q}{h} = \frac{C_1}{h}e^{\lambda_1 t} + \frac{C_2}{h}e^{\lambda_2 t} + \frac{2f_0}{h\Omega^2}. \tag{2.42}$$

Die dimensionslose Gesetze der Relativgeschwindigkeit $\dot{q}/(h\Omega)$ und der Relativbeschleunigung $\ddot{q}/(h\Omega^2)$ sind

$$\frac{\dot{q}}{h\Omega} = \lambda_1\frac{C_1}{h}e^{\lambda_1 t} + \lambda_2\frac{C_2}{h}e^{\lambda_2 t}, \qquad \frac{\ddot{q}}{h\Omega^2} = \lambda_1^2\frac{C_1}{h}e^{\lambda_1 t} + \lambda_2^2\frac{C_2}{h}e^{\lambda_2 t}. \tag{2.43}$$

Die Gleichung zur Überprüfung der Residuen ist

$$\mathcal{R} = \ddot{q} + \beta \cdot \dot{q} - \frac{1}{2}\Omega^2 q + f_0.$$

Mit der Anfangslage $q_0/h = 0$ und den Anfangsgeschwindigkeiten $\dot{q}/(h\Omega) = -0,5000$ und $\dot{q}/(h\Omega) = 0,5000$ werden die Bewegungs-, Geschwindigkeits- und Beschleunigungsgesetze berechnet.

In diesen Gesetzen ist Ωt in Bogenmaß einzusetzen.

Die Bewegung mit den Anfangsbedingungen $q_0/h = 0$ und $v_0/(h\Omega) = 0,5000$ verläuft zuerst in einem Bereich mit $\Gamma_{N1} > 0$ sowie $\dot{q} > 0$. Die entsprechenden Werte zur Berechnung der Bewegungs-, Gechwindigleits- und Beschleunigungsgesetze sind

$$\beta = -0,4\Omega, \quad p_3 = 0,7348\Omega, \quad f_0 = 0,3962\,h\Omega^2,$$

$$\lambda_1 = 0,9348\,\Omega, \quad \lambda_2 = -0,5348\,\Omega, \quad C_1 = 0,0519\,h, \quad C_2 = -0,8443\,h.$$

Diese Gesetze gelten in einem Bereich $\dot{q}/(h\Omega) \in (0;\, 0,5000)$.

Diese Kurven sind in Abhängigkeit von Ωt in Grade in der Abb. 2.62 mit dickem Strich dargestellt.

Als Kontrolle werden die Ergebnisse zum Zeitpunkt $\Omega t = 122,1^0 \rightarrow 122,1\pi/180$ rad, wenn $q/h = 0,9028$, $\dot{q}/(h\Omega) = 0,5000$ und $\ddot{q}/(h\Omega^2) = 0,2556$ gelten, in die Gleichung zur Berechnung der Residuen eingesetzt. Man erhält

$$\frac{1}{h\Omega^2}\mathcal{R} = 0,2556 - 0,4 \cdot 0,5000 - 0,5 \cdot 0.9028 + 0,3962 = 4 \cdot 10^{-4}.$$

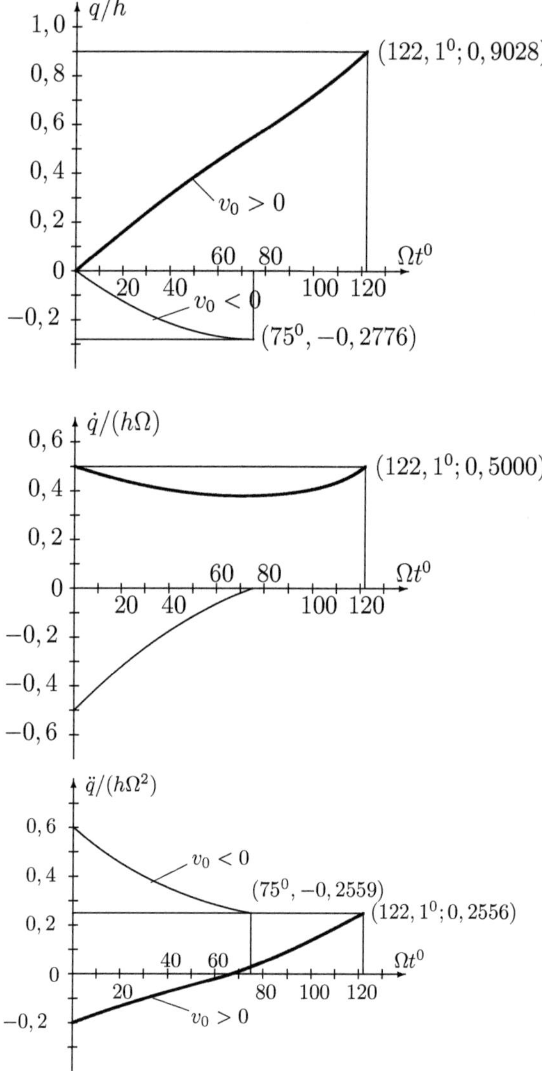

Abbildung 2.62: Bewegungs-, Geschwindigkeits- und Beschleunigungsdiagramm mit Reibung für $c = \frac{1}{2}m\Omega^2$

Für $q_0/h = 0$ und $\dot{q}/(h\Omega) = -0,5000$ gilt $F_{N1} > 0$ sowie $\dot{q} < 0$ und damit folgt

$$\beta = 0,4\Omega, \quad p_3 = 0,7348\Omega, \quad f_0 = -0,3962\,h\Omega^2,$$

$$\lambda_1 = 0,5348\,\Omega, \quad \lambda_2 = -0,9348\,\Omega, \quad C_1 = 0,1638\,h, \quad C_2 = 0,6286\,h.$$

Diese Gesetze gelten bis in die Lage mit $\dot{q} = 0$.

Die Kurven sind in der Abb. 2.62 mit dünnem Strich dargestellt.

Als Kontrolle werden die Ergebnisse zum Zeitpunkt $\Omega t = 75^0$, wenn $q/h = -0,2532$, $\dot{q}/(h\Omega) = -0,1202$ und $\ddot{q}/(h\Omega^2) = 0,3176$ gelten, in die Gleichung zur Berechnung der Residuen eingesetzt.

Man erhält

$$\frac{1}{h\Omega^2}\mathcal{R} = 0,3176 + 0,4 \cdot (-0,1202) - 0,5 \cdot (-0,2532) - 0,3962 = -8 \cdot 10^{-5}.$$

2.9.5.3 Phasenkurven für das System mit Reibung und $c = \frac{1}{2}m\Omega^2$

Die Abb.2.63 zeigt in der Phasenebene mit den Koordinatenachsen q/h und $\dot{q}/(h\Omega)$ Phasenkurven mit den Anfangsgeschwindigkeiten $v_0/(h\Omega) = 0,5000$ und $v_0/(h\Omega) = -0,5000$.

Die mit dickem Strich gezeichneten Kurven 1 und 3 münden in die Grenzpunkte des Gleichgewichtsbereiches $-r_0/h = -0,9905$ und $r_0/h = 0,9905$ und die Kurven 2 und 4 in die Gleichgewichtslagen $-r/h = -0,7924$ und $r/h = 0,7924$.

Diese Kurven sind *Grenzkurven*, welche in der Phasenebene die Bereiche der Anfangsbedingungen mit unterschiedlichem Verhalten trennen. Mit den Anfangsbedingungen innerhalb dieser Grenzkurven kommt der Körper innerhalb des Gleichgewichtsbereiches zum Stillstand. Das ist der *Einzugsbereich* des Gleichgewichtsbereiches.

Mit den Anfangsbedingungen außerhalb dieser Grenzkurven nähert sich zuerst der Körper dem Gleichgewichtsbereich um sich danach vom Gleichgewichtsbereich zu entfernen.

In der Abb. 2.63 markiert der kleine Kreis mit a eine Anfangslage im Gleichgewichtsbereich ohne Anfangsgeschwindigkeit.

Der kleine Kreis a_p markiert eine Anfangslage im Gleichgewichtsbereich mit einer kleinen positiven Anfangsgeschwindigkeit. Der Körper verschiebt sich in die positive Richtung in eine benachbarte Gleichgewichtslage.

Der kleine Kreis a_n markiert eine Anfangslage im Gleichgewichtsbereich mit einer kleinen negativen Anfangsgeschwindigkeit. Der Körper verschiebt sich in die negative Richtung in eine benachbarte Gleichgewichtslage.

Weil die Gleitreibungskraft bei der Bewegung in die negative Richtung
größer ist als die in die positive Richtung, sind auch die Auslenkungen in
die negative Richtung kleiner als die in die positive Richtung.

Ein besonderes Verhalten zeigt der Körper in den Gleichgewichtslagen in
den Abschnitten $(-r_0/h, -r/h)$ und $(r/h, r_0/h)$, die in der Abb.2.63 mit
dünnen Strichen markiert sind.

In den Abschnitt $(-r_0/h, -r/h)$ gelangt der Körper nur mit positiver Geschwindigkeit.

Eine kleine positive Anfangsgeschindigkeit verschiebt den Körper in eine
benachbarte Gleichgewichtlage in die positive Richtung.

Durch eine kleine negative Anfangsgeschindigkeit entfernt sich der Körper
vom Gleichgewichtsbereich.

Analog aber mit anderen Vorzeichen verhält sich der Körper im Abschnitt
$(r/h, r_0/h)$.

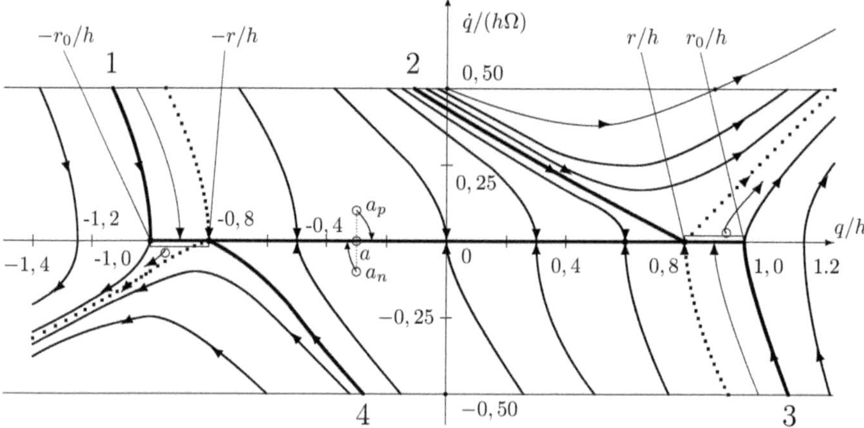

Abbildung 2.63: Phasenkurven für den Körper mit Reibung und $c = \frac{1}{2}m\Omega^2$

2.9.5.4 Bilanzgleichung

Für den Fall $c < m\Omega^2$ ist die *Bewegungsdifferentialgleichung*

$$m\ddot{q} - 2\mu m\Omega\dot{q} \cdot \text{sign}(F_{N1}) \cdot \text{sign}(\dot{q}) - (m\Omega^2 - c)q$$

$$= -\mu\big[mg + m\Omega^2 h \cdot \text{sign}(F_{N1})\big] \cdot \text{sign}(\dot{q}).$$

Mit den Bezeichnungen

$$\beta = -2\mu\Omega \cdot \text{sign}(F_{N1}) \cdot \text{sign}(\dot{q}), \qquad f_0 = \mu\Omega^2 h\Big[\frac{g}{h\Omega^2} + \text{sign}(F_{N1})\Big] \cdot \text{sign}(\dot{q})$$

ist die Bewegungsdifferentialgleichung nach Division durch m

$$\ddot{q} - (\Omega^2 - c/m)q = -\beta\dot{q} - f_0.$$

Die Gleichung wird mit dq multipliziert,

$$\ddot{q} \cdot dq - (\Omega^2 - c/m)q \cdot dq = -\beta\dot{q} \cdot dq - f_0 \cdot dq,$$

und folgende Beziehungen werden berücksichtigt

$$\ddot{q} \cdot dq = \frac{d\dot{q}}{dt} \cdot dq = d\dot{q} \cdot \frac{dq}{dt} = d\dot{q} \cdot \dot{q} = d\Big(\frac{1}{2}\dot{q}^2\Big),$$

$$qdq = d\Big(\frac{1}{2}q^2\Big), \qquad \dot{q} \cdot dq = \dot{q} \cdot \frac{dq}{dt}dt = \dot{q}^2 dt.$$

Man erhält die Bilanzgleichung in Differentialform

$$d\Big(\frac{1}{2}\dot{q}^2\Big) - (\Omega^2 - c/m) \cdot d\Big(\frac{1}{2}q^2\Big) = -\beta\dot{q}^2 \cdot dt - f_0 \cdot dq.$$

Das Integral zwischen dem Anfangszeitpunkt $t = 0$ mit $q(0) = q_0$ und $\dot{q}(0) = v_0$ und dem Zeitpunkt t mit dem Lageparameter q und der Geschwindigkeit $\dot{q}$ ergibt die Bilanzgleichung

$$\frac{1}{2}\dot{q}^2 - (\Omega^2 - c/m) \cdot \frac{1}{2}q^2 - \Big[\frac{1}{2}v_0^2 - (\Omega^2 - c/m)\frac{1}{2}q_0^2\Big] = \mathcal{A}_1 + \mathcal{A}_2.$$

Hier sind

$$\mathcal{A}_1 = -\beta\int_0^t \dot{q}^2 \cdot dt \qquad \text{und} \qquad \mathcal{A}_2 = -f_0\int_{q_0}^q dq = -f_0 \cdot (q - q_0)$$

die *mechanische Arbeit der Gleitreibungskraft*.

Diese Gleichung wird durch $(h\Omega)^2$ geteilt und man erhält die Integralform der *Bilanzgleichung in dimensionsloser Form*

$$\frac{1}{2}\Big(\frac{\dot{q}}{h\Omega}\Big)^2 - \Big(1 - \frac{c}{m\Omega^2}\Big)\frac{1}{2}\Big(\frac{q}{h}\Big)^2 - \Big[\frac{1}{2}\Big(\frac{v_0}{h\Omega}\Big)^2 - \Big(1 - \frac{c}{m\Omega^2}\Big)\frac{1}{2}\Big(\frac{q_0}{h}\Big)^2\Big] = \frac{\mathcal{A}_1 + \mathcal{A}_2}{(h\Omega)^2}.$$

Zur Berechnung der Abweichungen dient die Gleichung

$$\mathcal{B} = \frac{1}{2}\Big(\frac{\dot{q}}{h\Omega}\Big)^2 - \Big(1 - \frac{c}{m\Omega^2}\Big)\frac{1}{2}\Big(\frac{q}{h}\Big)^2$$

$$- \Big[\frac{1}{2}\Big(\frac{v_0}{h\Omega}\Big)^2 - \Big(1 - \frac{c}{m\Omega^2}\Big)\frac{1}{2}\Big(\frac{q_0}{h}\Big)^2\Big] - \frac{1}{(h\Omega)^2}\big(\mathcal{A}_1 + \mathcal{A}_2\big). \tag{2.44}$$

Das Gesetz der Relativgeschwindigkeit $\dot{q}(t)$ ist

$$\dot{q} = \lambda_1 C_1 e^{\lambda_1 t} + \lambda_2 C_2 e^{\lambda_2 t}.$$

Mit diesem Gesetz der Relativgeschwindigkeit $\dot{q}(t)$ kann die Arbeit $\mathcal{A}_1$ mit dem Integral $\mathcal{I}$ berechnet werden,

$$\mathcal{I} = \int_0^x e^{ax}dx = \frac{1}{a}\big(e^{ax} - 1\big). \tag{2.45}$$

Mit den angenommenen Parameterwerten

$$c = \frac{1}{2}m\Omega^2, \quad \Omega^2 h = 10\,\mathrm{m/s}^2, \quad \mu = 0,2$$

wird die Bewegung mit den Anfangsbedingungen $q_0/h = 0$ und $v_0/(h\Omega) = 0,5000$ betrachtet.

Diese Bewegung verläuft zuerst in einem Bereich mit $F_{N1} > 0$ sowie $\dot{q} > 0$. Somit gilt für diese Anfangsbedingungen $\mathrm{sign}(\dot{q}) = 1$ und $\mathrm{sign}(F_{N1}) = 1$ sowie $\beta = -0,4000\,\Omega$ und $f_0 = 0,3962\,h\Omega^2$.

Die entsprechenden Werte zur Berechnung der Bewegungs-, Gechwindigkeits- und Beschleunigungsgesetze sind

$$\lambda_1 = 0,9348\,\Omega, \quad \lambda_2 = -0,5348\,\Omega, \quad C_1 = 0,0519\,h, \quad C_2 = -0,8443\,h.$$

Diese Gesetze gelten in einem Bereich $\dot{q}/(h\Omega) \in (0;\,0,5000)$.

Mit dem Bewegungs- und Geschwindigkeitsgesetz, Gleichungen (2.42) und (2.43), wurden zum Zeitpunkt $\Omega t = 122,1^0 \to 122,1 \cdot \pi/180$ rad die Werte $q/h = 0,9028$ und $\dot{q}/(h\Omega) = 0,5000$ berechnet.

Mit diesen Zahlenwerten wird die Bilanzgleichung (2.44) überprüft.

Man erhält

$$\mathcal{A}_1 = -\beta \int_0^t \dot{q}^2 \cdot dt$$

$$= -\beta\Big(\lambda_1^2 C_1^2 \int_0^t e^{2\lambda_1 t}dt + 2\lambda_1\lambda_2 C_1 C_2 \int_0^t e^{(\lambda_1+\lambda_2)t}dt + \lambda_2^2 C_2^2 \int_0^t e^{2\lambda_2 t}dt\Big)$$

und somit $\mathcal{A}_1 = 0,1540\,(h\Omega)^2$.

Weiter gilt

$$\mathcal{A}_2 = -f_0 \cdot (q - q_0) = -0,3962\,h\Omega^2 \cdot (0,9028 - 0)h = -0,3577(h\Omega)^2$$

sowie

$$\frac{1}{2}\Big(\frac{\dot{q}}{h\Omega}\Big)^2 - \frac{1}{2}\cdot\frac{1}{2}\Big(\frac{q}{h}\Big)^2 = 0,1250 - 0,2038,$$

$$\frac{1}{2}\Big(\frac{v_0}{h\Omega}\Big)^2 - \frac{1}{2}\cdot\frac{1}{2}\Big(\frac{q_0}{h}\Big)^2\Big] = 0,1250 - 0.$$

In die Bilanzgleichung eingesetzt erhält man die Abweichung

$$\mathcal{B} = 0,1250 - 0,2038 - (0,1250 - 0) - 0,1540 - (-0,3577) = -1 \cdot 10^{-4}.$$

2.10 Nichtlineares Feder-Masse-System

Ein Rahmen befindet sich auf einer horizontalen Unterlage. Im Rahmen bewegt sich entlang einer horizontalen Führung ein Körper von der Masse m und dem Schwerpunkt in S. Seine Lage im Bezug auf den Rahmen ist durch die Länge q bestimmt. Der Körper ist durch eine Feder mit dem Rahmen verbunden. Die Federkonstante ist c, ihre unverformte Länge beträgt $s^* > 0$. Der Abstand zwischen horizontaler Führung und dem Gelenk A ist gleich mit $h \geq 0$. Die Abb. 2.64 zeigt das System für die Annahme $h > s^*$ und die Abb. 2.65 für die Annahme $h \leq s^*$. Die Länge der Feder in einer Zwischenlage ist gleich mit $s = \sqrt{q^2 + h^2}$.

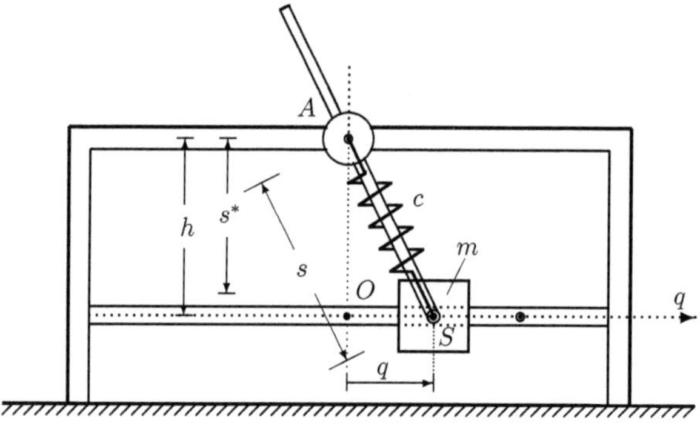

Abbildung 2.64: Nichtlineares Feder-Masse-System mit $h > s^*$

Für dieses System wird das Verhältnis h/s^* als veränderlicher *Strukturparameter* angenommen.

Es werden die Gleichgewichtslagen des Systems und ihre *Stabilität im Sinne von Ljapunov* in Abhängigkeit von dem Strukturparameter h/s^* bestimmt. Auch die *Robustheit* des Systems *im Sinne von Pontryagin (Strukturstabilität)* wird in Abhängigkeit von dem Strukturparameter h/s^* ermittelt.

2.10.1 Bewegungsdifferentialgleichung

Die Bewegungsdifferentialgleichung wird mit dem *Impulssatz in der D'Alembert'schen Form* als Gleichgewichtsbedingung der eingeprägten Kräfte, der Reaktionskräfte und der Trägheitskräfte bestimmt.

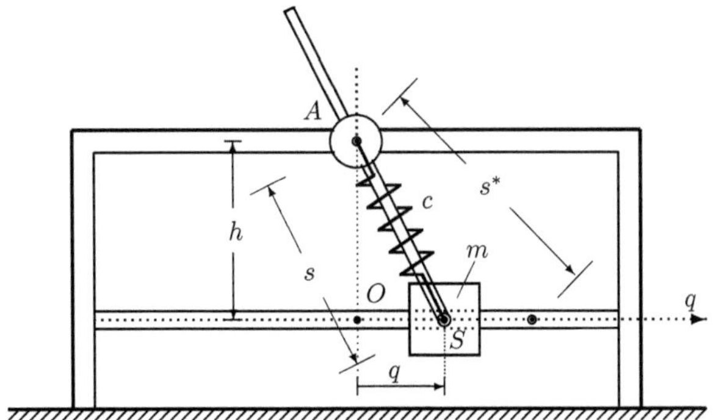

Abbildung 2.65: Nichtlineares Feder-Masse-System mit $h < s^*$

Die Abb. 2.66 zeigt die Kräfte, die auf den freigeschnittenen Körper von der Masse m wirken.

• Die eingeprägten Kräfte sind das Gewicht mg und die *Federkraft* $F_e = c(s - s^*)$,

• die Reaktionskraft ist die *Normalreaktion* F_N zwischen Körper und horizontaler Führung und

• die *Trägheitskraft* ist $m\ddot{q}$.

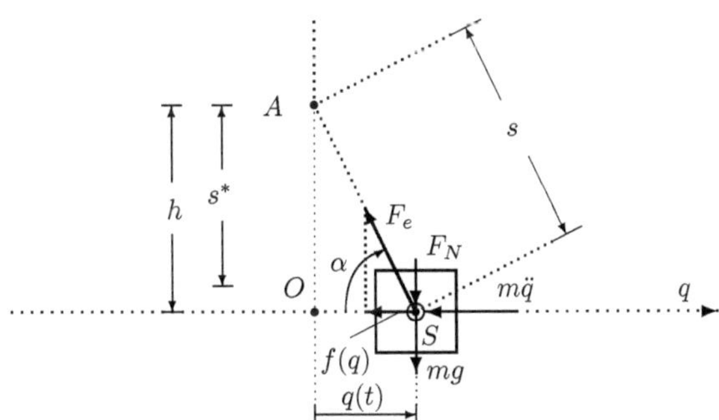

Abbildung 2.66: Kräfte, die auf den Körper wirken

Die horizontale Komponente der Federkraft F_e ist die *Rückstellkraft* $f(q) = F_e \cos(\alpha)$

$$f(q) = c\big(s - s^*\big) \cdot \frac{q}{s} = cq\Big(1 - \frac{s^*}{s}\Big) = cq\Big(1 - \frac{s^*}{\sqrt{q^2 + h^2}}\Big).$$

Die auf cs^* bezogene Rückstellkraft ist

$$\frac{f(q)}{cs^*} = \frac{q}{s^*}\Big[1 - \frac{1}{\sqrt{\big(\frac{q}{s^*}\big)^2 + \big(\frac{h}{s^*}\big)^2}}\Big]. \tag{2.46}$$

Die Gleichgewichtsbedingung dieser Kräfte in horizontaler Richtung ergibt die *Bewegungsdifferentialgleichung*

$$m\ddot{q} + f(q) = 0. \tag{2.47}$$

Die Bewegungsdifferentialgleichung dieses konservativen Systems kann auch mit der *Lagrange'schen Gleichung* zweiter Art ermittelt werden. Diese ist

$$\frac{d}{dt}\Big(\frac{\partial E_k}{\partial \dot{q}}\Big) - \frac{\partial E_k}{\partial q} + \frac{\partial E_p}{\partial q} = 0.$$

Die absolute Geschwindigkeit des Körpers ist $\dot{q}$.

Somit ist die kinetische Energie des Systems $E_k = \frac{1}{2}m\dot{q}^2$.

Die Abb. 2.66 zeigt die eingeprägten Kräfte, mg und F_e, die auf den Körper mit der Masse m wirken. Diese Kräfte sind konservativ und für diese werden Potentiale definiert.

Der Schwerpunkt S bewegt sich in einer horizontalen Ebene, das Potential der Gewichtskraft mg ist konstant und wird gleich mit null angenommen.

Das Potential der Federkraft $F_e = c(s - s^*)$ mit $s = \sqrt{q^2 + h^2}$ ist $\frac{1}{2}c(s - s^*)^2$.

Somit ist das Potential des Systems

$$E_p = \frac{1}{2}c\,(s - s^*)^2 = \frac{1}{2}c\left(\sqrt{q^2 + h^2} - s^*\right)^2 = E_p(q).$$

Das auf cs^{*2} bezogene Potential ist

$$\frac{E_p(q)}{cs^{*2}} = \frac{1}{2}\Big[\sqrt{\big(\frac{q}{s^*}\big)^2 + \big(\frac{h}{s^*}\big)^2} - 1\Big]^2. \tag{2.48}$$

Die Ableitungen der kinetischen Energie sind

$$\frac{\partial E_k}{\partial q} = 0, \quad \frac{\partial E_k}{\partial \dot{q}} = m\dot{q}, \quad \frac{d}{dt}\Big(\frac{\partial E_k}{\partial \dot{q}}\Big) = m\ddot{q},$$

Die Ableitung des Potentials ist

$$\frac{\partial E_p}{\partial q} = c\,(s - s^*) \cdot \frac{\partial s}{\partial q}.$$

Aus $s^2 = q^2 + h^2$ erhält man durch Ableitung nach q

$$2s\frac{\partial s}{\partial q} = 2q \quad \to \quad \frac{\partial s}{\partial q} = \frac{q}{s} = \frac{q}{\sqrt{q^2 + h^2}}$$

und somit

$$\frac{\partial E_p}{\partial q} = cq\Big(1 - \frac{s^*}{\sqrt{q^2 + h^2}}\Big) = f(q).$$

Durch einsetzen in die Lagrange'sche Gleichung erhält man die gleiche Bewegungsdifferentialgleichung (2.47)

$$m\ddot{q} + f(q) = 0.$$

Diese *Differentialgleichung ist nichtlinear.*
Für den Sonderfall $h = 0$ folgt $f(q) = c(q - s^*)$ und die Bewegungsdifferentialgleichung ist $m\ddot{q} + c(q - s^*) = 0$, also linear.

2.10.2 Bilanzgleichung

Durch Multiplikation der Bewegungsdifferentialgleichung mit dq und der Berücksichtigung von

$$m\ddot{q} \cdot dq = m\frac{d\dot{q}}{dt} \cdot dq = md\dot{q} \cdot \frac{dq}{dt} = m\dot{q} \cdot d\dot{q} = d\Big(\frac{1}{2}m\dot{q}^2\Big),$$

$$f(q) \cdot dq = \frac{\partial E_p}{\partial q} \cdot dq = d(E_p)$$

erhält man eine Bilanzgleichung in Differentialform

$$d(E_k) + d(E_p) = 0 \qquad \to \qquad d(E_k + E_p) = 0.$$

Durch Integration mit den Anfangsbedingungen $t = 0$, $q(0) = q_0$, $\dot{q}(0) = v_0$ folgt die Bilanzgleichung in Integralform

$$E_k(\dot{q}) + E_p(q) = konst = E_k(v_0) + E_p(q_0)$$

oder

$$\frac{1}{2}m\dot{q}^2 + \frac{1}{2}c\left(\sqrt{q^2 + h^2} - s^*\right)^2 - \Big[\frac{1}{2}mv_0^2 + \frac{1}{2}c\left(\sqrt{q_0^2 + h^2} - s^*\right)^2\Big] = 0.$$

Diese *Bilanzgleichungen* sind die Differential- bzw. die Integralform des *Erhaltungsgesetzes der mechanischen Energie* $E_m = E_k + E_p$ für dieses konservative System.

Aus der Bilanzgleichung in Integralform erhält man die Gleichung der *Phasenkurven*

$$\dot{q} = \pm\sqrt{v_0^2 + \frac{c}{m}\left[\left(\sqrt{q_0^2 + h^2} - s^*\right)^2 - \left(\sqrt{q^2 + h^2} - s^*\right)^2\right]}.$$

Die auf ωs^* mit $\omega = \sqrt{c/m}$ bezogenen Werte der Geschwindigkeit sind

$$\frac{\dot{q}}{\omega s^*} = \pm\sqrt{\left(\frac{v_0}{\omega s^*}\right)^2 + \left[\sqrt{\left(\frac{q_0}{s^*}\right)^2 + \left(\frac{h}{s^*}\right)^2} - 1\right]^2 - \left[\sqrt{\left(\frac{q}{s^*}\right)^2 + \left(\frac{h}{s^*}\right)^2} - 1\right]^2}.$$

$$(2.49)$$

2.10.3   Gleichgewichtslagen

In einer Gleichgewichtslage q gilt $\dot{q} = 0$ und $\ddot{q} = 0$.

Aus der Bewegungsdifferentialgleichung (2.47) erhält man die Gleichung zur
Bestimmung der Abszissen q_i der Gleichgewichtslagen

$$f(q) = cq\Big(1 - \frac{s^*}{\sqrt{q^2 + h^2}}\Big) = 0.$$

Eine erste Lösung ist $q = q_1 = 0$.

Diese ist unabhängig von den Werten der Parameter s^* und h.

Die Gleichgewichtslage $q_1 = 0$ ist in der Abb. 2.67 mit punktierten Linien
eingezeichnet.

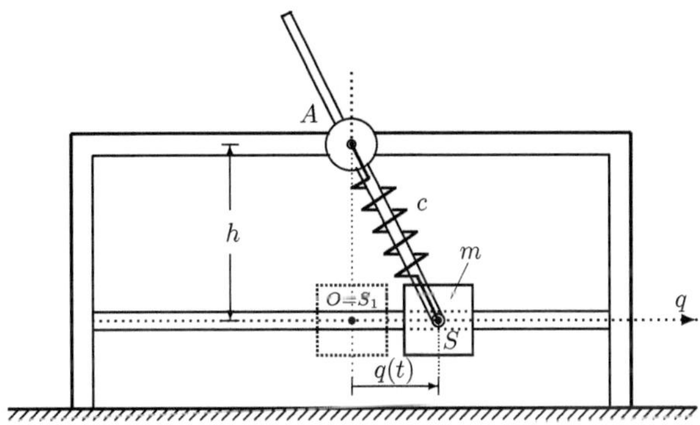

Abbildung 2.67: Gleichgewichtslage $q = q_1 = 0$

Weitere Gleichgewichtslagen ergeben sich aus der Gleichung

$$1 - \frac{s^*}{\sqrt{q^2 + h^2}} = 0 \quad \rightarrow \quad q^2 = s^{*2} - h^2, \tag{2.50}$$

wenn die Bedingung $h < s^*$ erfüllt ist.

Eine zweite Lösung ist dann $q_2 = \sqrt{s^{*2} - h^2} > 0$ und eine dritte Lösung ist
$q_3 = -\sqrt{s^{*2} - h^2} = -q_2 < 0$.

Die Gleichgewichtslage $S_1 = O$ mit $q_1 = 0$ sowie die Gleichgewichtslagen S_2
mit $q = q_2$ und S_3 mit $q = q_3 = -q_2$ sind in der Abb. 2.68 mit punktierten
Linien eingezeichnet.

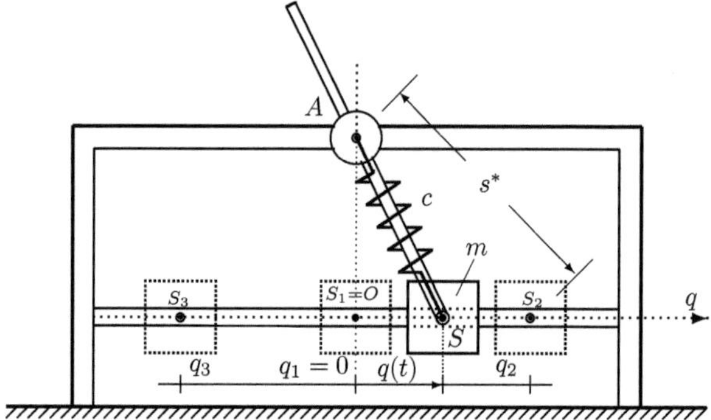

Abbildung 2.68: Gleichgewichtslagen $q_1 = 0$, q_2 und $q_3 = -q_2$

Die Abb. 2.69 zeigt die Werte von q/s^* gleich mit $q_1/s^* = 0$, q_2/s^* und $q_3/s^* = -q_2/s^*$ der Gleichgewichtslagen für verschiedene Werte des Strukturparameters h/s^*.

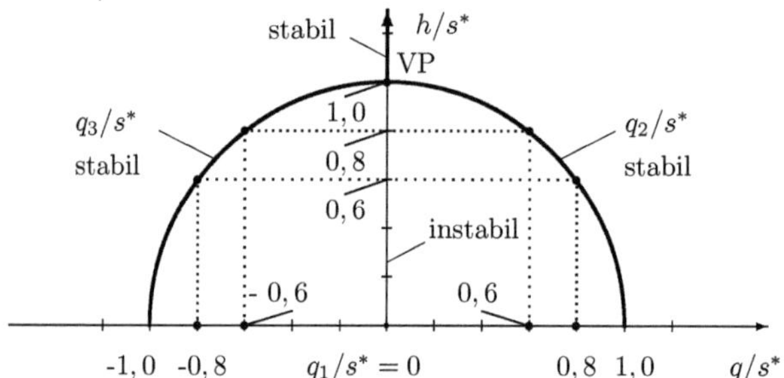

Abbildung 2.69: Gleichgewichtslagen $q_1/s^* = 0$, q_2/s^* und q_3/s^*, für verschiedene Werte von h/s^*

Dieses Gleichgewichtsdiagramm hat für den Wert $h/s^* = 1$ einen *Verzweigungspunkt*, der in der Abb. 2.69 mit VP bezeichnet ist.

2.10.4 Stabilität der Gleichgewichtslagen

Zur Bestimmung der Stabilität der Gleichgewichtslagen wird die zweite Ableitung des Potentials berechnet,

$$\frac{\partial^2 E_p}{\partial q^2} = c\left[1 - \frac{s^*}{\sqrt{q^2 + h^2}} + \frac{q^2 s^*}{(q^2 + h^2)\sqrt{q^2 + h^2}}\right]. \tag{2.51}$$

Das Vorzeichen der zweiten Ableitung in den Gleichgewichtslagen q_i, $i = 1, 2, 3$ entscheidet über die Stabilität.

Für die Gleichgewichtslage $q_1 = 0$ gilt

$$\left[\frac{\partial^2 E_p}{\partial q^2}\right]_{q_1} = c\left(1 - \frac{s^*}{h}\right).$$

Für die Werte des Strukturparameters $h > s^*$ gilt $\left[\frac{\partial^2 E_p}{\partial q^2}\right]_{q_1} > 0$ und diese Gleichgewichtslage ist stabil.

Für die Werte des Strukturparameters $h < s^*$ gilt $\left[\frac{\partial^2 E_p}{\partial q^2}\right]_{q_1} < 0$ und diese Gleichgewichtslage ist nicht stabil.

Für den Wert des Strukturparameters $h = s^*$ gilt $\left[\frac{\partial^2 E_p}{\partial q^2}\right]_{q_1} = 0$ und höhere Ableitungen des Potentials sind zu berechnen, um die Stabilität zu bestimmen. Die dritte Ableitung des Potentials ist

$$\frac{\partial^3 E_p}{\partial q^3} = c\left[\frac{3s^*q}{\left(q^2 + h^2\right)^{3/2}} - \frac{3s^*q^3}{\left(q^2 + h^2\right)^{5/2}}\right] \quad \text{und} \quad \left[\frac{\partial^3 E_p}{\partial q^3}\right]_{q_1} = 0.$$

Die vierte Ableitung des Potentials ist

$$\frac{\partial^4 E_p}{\partial q^4} - 3cs^*\left[\frac{-2q^2 + h^2}{\left(q^2 + h^2\right)^{5/2}} - \frac{q^2(-2q^2 + 3h^2)}{\left(q^2 + h^2\right)^{7/2}}\right] \quad \text{und} \quad \left[\frac{\partial^4 E_p}{\partial q^4}\right]_{q_1} = \frac{3cs^*}{h^3} > 0.$$

Weil die Ordnung der ersten von null verschiedenen Ableitung des Potentials eine gerade Zahl und der Wert positiv ist, folgt, dass die Gleichgewichtslage $q_1 = 0$ für $h = s^*$ stabil ist.

Um die Stabilität der Gleichgewichtslagen q_2 und $q_3 = -q_2$, die es für Werte des Strukturparameters $h/s^* < 1$ gibt, zu bestimmen, wird deren Bestimmungsgleichung (2.50) in die Gleichung (2.51) berücksichtigt. Man erhält

$$\left[\frac{\partial^2 E_p}{\partial q^2}\right]_{q_2} = c\left[1 - \frac{s^*}{\sqrt{q_2^2 + h^2}} + \frac{q_2^2 s^*}{(q_2^2 + h^2)\sqrt{q_2^2 + h^2}}\right] = c\left[1 - \left(\frac{h}{s^*}\right)^2\right] > 0.$$

Das Gleiche gilt auch für $\left[\frac{\partial^2 E_p}{\partial q^2}\right]_{q_3}$.

Somit sind die Gleichgewichtslagen q_2 und $q_3 = -q_2$, die es für $h/s^* < 1$ gibt, stabil.

Die Abb. 2.69 zeigt auch für verschiedene Werte des Strukturparameters h/s^* die Stabilität der Gleichgewichtslagen.

Mit dicken Linien sind die stabile Gleichgewichtslage $q_1/s^* = 0$ für $h/s^* > 1$ sowie die stabilen Gleichgewichtslagen q_2/s^* und q_3/s^* für $h/s^* \leq 1$ darge-stellt. Die dünne Linie zeigt die instabile Gleichgewichtslage $q_1/s^* = 0$, die es für $h/s^* < 1$ gibt.

Die Abb. 2.69 ist deshalb ein *Stabilitätsdiagramm.*

Diese Stabilität der Gleichgewichtslagen bezieht sich auf das Verhalten des Systems bei kleine Störungen der Anfangsbedingungen und wird als *Stabi-lität im Sinne von Ljapunov* bezeichnet.

Das Stabilitätsdiagramm zeigt auch an, in welchen Bereichen des Struktur-parameters h/s^* "wesentliche Veränderungen" oder "qualitative Verände-rungen" des Systemverhaltens auftreten können.

Im Bereich des Strukturparameters $h/s^* > 1$ gibt es nur die stabile Gleich-gewichtslage $q_1 = 0$. Die Potentiale $E_p(q)$ haben unterschiedliche Werte, sie haben aber alle ein Minimum in der Gleichgewichtslage $q_1 = 0$.

Kleine Veränderungen des Stukturparameters im Breich $h/s^* > 1$ bewirken keine "wesentliche Veränderungen" des Systemverhaltens.

Im Bereich des Strukturparameters $h/s^* < 1$ gibt es drei Gleichgewichts-lagen. Diese sind die instabile Gleichgewichtslage $q_1 = 0$ sowie die stabilen Gleichgewichtslagen q_2 und $q_3 = -q_2$. Die Potentiale $E_p(q)$ haben unter-schiedliche Werte, sie haben aber alle ein Maximum in der Gleichgewichts-lage $q_1 = 0$ und Minima in q_2 und $q_3 = -q_2$.

Kleine Veränderungen des Stukturparameters im Breich $h/s^* < 1$ bewirken keine "wesentliche Veränderungen" des Systemverhaltens.

Der Punkt VP im Stabilitätsdiagramm ist ein *Verzweigungspunkt.*

Eine kleine Verringerung des Stukturparameters $h/s^* = 1$ bewirkt, dass eine stabile Gleichgewichtslage instabil wird und dass zusätzlich zwei stabile Gleichgewichtslagen auftreten.

Somit ist das System für $h/s^* > 1$ und $h/s^* < 1$ *robust im Sinne von Potryagin* und in einem Bereich um $h/s^* = 1$ nicht "robust" also nicht "strukturstabil".

2.10.5   Potentiale, Federkräfte und Phasenkurven für $h/s^* \geq 1$

Zur Überprüfung der Feststellungen aus dem Stabilitätsdiagramm im Be-reich der Strukturparameter $h/s^* \geq 1$, werden für die Werte $h/s^* = 1,2$ und $h/s^* = 1,0$ das Potential $E_p(q)/(cs^{*2})$ und die *Rückstellkraft* $f(q)/(cs^*)$ als Funktionen von q/s^* sowie die Phasenkurven dargestellt.

Die Abb. 2.70 zeigt die auf cs^{*2} bezogenen Werte der Potentialdifferenz $E_p(q) - E_p(0)$ für die Parameterwerte $h/s^* = 1,2$ (durchgezogene Linie) und $h/s^* = 1$ (punktierte Linie).

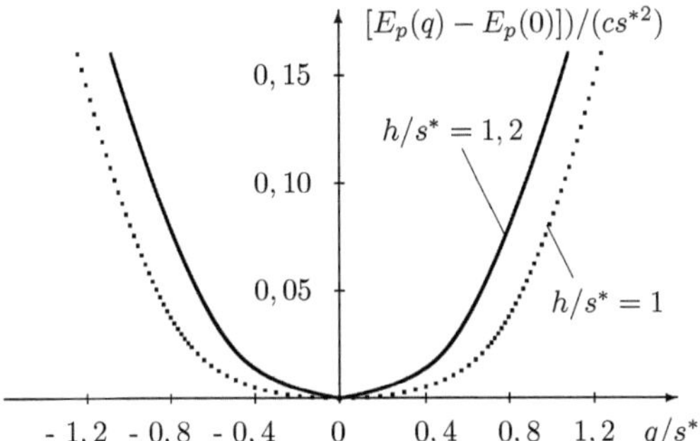

Abbildung 2.70: Potentialdifferenz für $h/s^* = 1,2$ und $h/s^* = 1$

Die Abb. 2.71 zeigt die auf cs^* bezogenen Werte der Rückstellkraft $f(q)$ für die Parameterwerte $h/s^* = 1,2$ (durchgezogene Linie) und $h/s^* = 1$ (punktierte Linie).

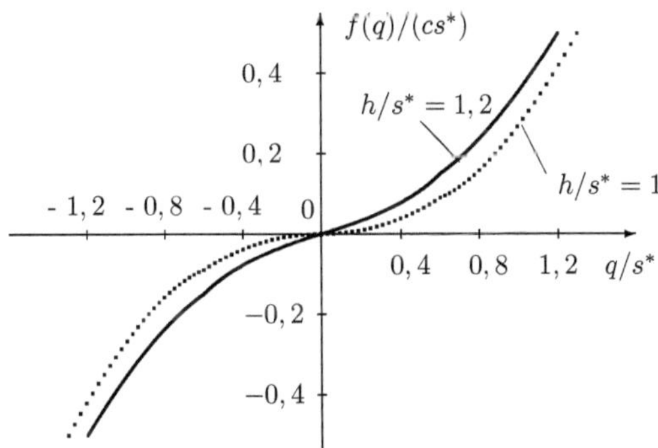

Abbildung 2.71: Kennlinie der Rückstellkraft für $h/s^* = 1,2$ und $h/s^* = 1$

Die Abb. 2.72 zeigt die auf cs^{*2} bezogenen Werte der Potentialdifferenz $E_p(q) - E_p(0)$ und die *Phasenkurven* in der Phasenebene mit den Achsen q/s^* und $\dot{q}/(\omega s^*)$ für den Wert des Strukturparameters $h/s^* = 1,2$ und den Anfangsbedingungen $q(0)/s^* = 0,6; 0,8$ und 1,0 sowie $v_0 = 0$.

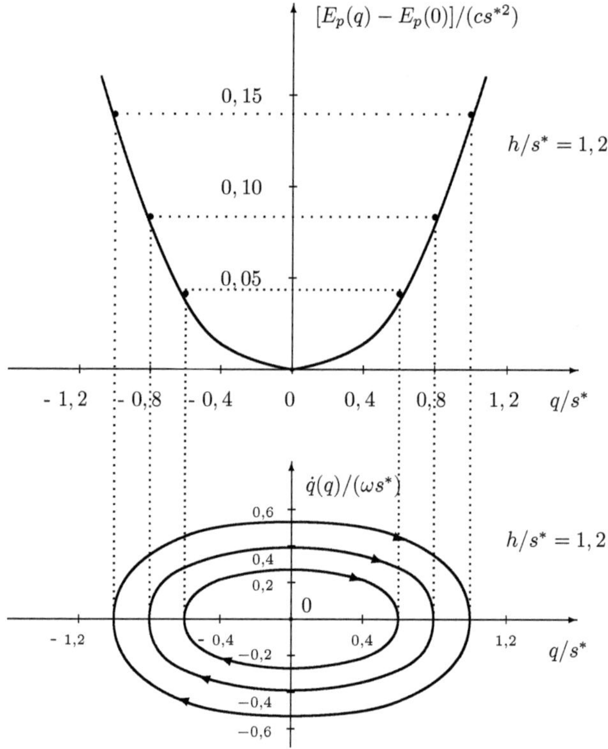

Abbildung 2.72: Potentialdifferenz und Phasenkurven für $h/s^* = 1,2$

Die Abb. 2.73 zeigt die auf cs^{*2} bezogenen Werte der Potentialdifferenz $E_p(q) - E_p(0)$ und die *Phasenkurven* in der Phasenebene mit den Achsen q/s^* und $\dot{q}/(\omega s^*)$ für den Wert des Strukturparameters $h/s^* = 1,0$ und den Anfangsbedingungen $q(0)/s^* = 0,6; 0,8$ und 1,0 sowie $v_0 = 0$.

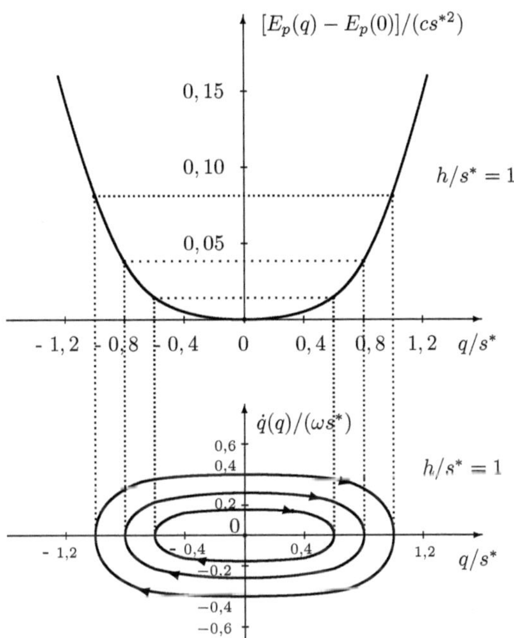

Abbildung 2.73: Potentialdifferenz und Phasenkurven für $h/s^* = 1$

Die für $h/s^* \geq 1$ dargestellten Potentiale, Rückstellkräfte und Phasenkurven bestätigen, dass es für diese Werte des Strukturparameters nur die Gleichgewichtslage $q = q_1 = 0$ gibt.

In $q = q_1 = 0$ hat das Potential ein Minimum, die Rückstellkraft ist gleich mit null und dieser singuläre Punkt der Phasenebene ist ein *Zentrum*. Deshalb ist diese Gleichgewichtslage stabil.

2.10.6 Potentiale, Federkräfte und Phasenkurven für $h/s^* < 1$

Die Abb. 2.74 zeigt die auf cs^{*2} bezogenen Werte des Potentials $E_p(q)$ für die Werte des Strukturparameters $h/s^* = 0,8$ (durchgezogene Linie) und 1 (punktierte Linie).

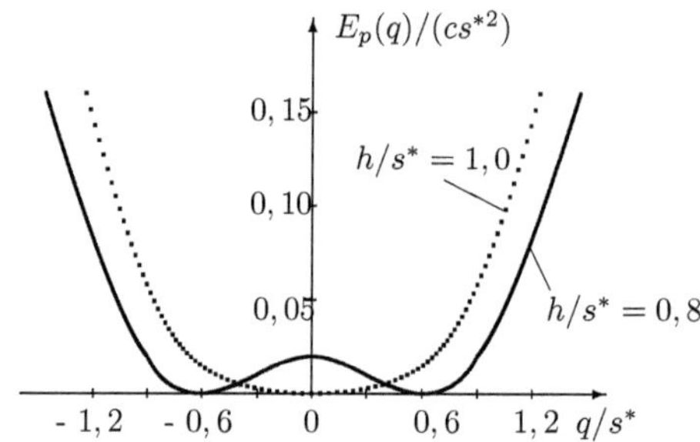

Abbildung 2.74: Potential für $h/s^* = 0,8$ und 1

Die Abb. 2.75 zeigt die auf cs^* bezogenen Werte von $f(q)$, *Rückstellkraft* für die Gleichgewichtslage $q/s^* = 0$ für $h/s^* = 1$ (punktierte Linie) bzw. *Verstellkraft* für die Gleichgewichtslage $q/s^* = 0$ und *Rückstellkraft* für die Gleichgewichtslagen $q/s^* = -0,6$ und $q/s^* = 0,6$ für $h/s^* = 0,8$ (durchgezogene Linie).

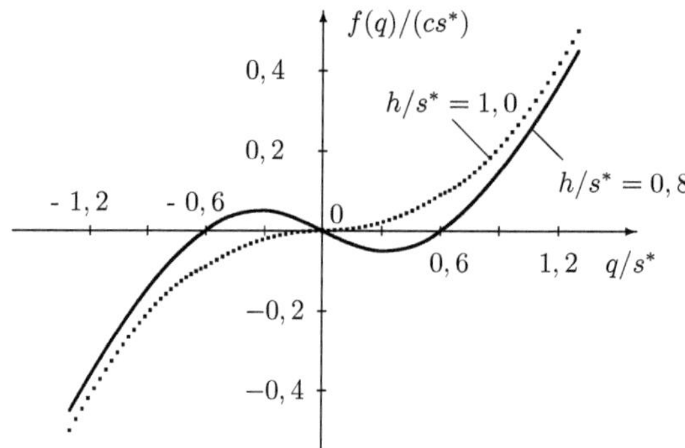

Abbildung 2.75: Kennlinien der Rückstellkraft um $q/s^* = 0$ für $h/s^* = 1$ und Verstellkraft um $q/s^* = 0$ bzw. Rückstellkraft um $q/s^* = -0,6$ und $q/s^* = 0,6$ für $h/s^* = 0,8$

Die Abb. 2.76 zeigt die auf cs^{*2} bezogenen Werte des Potentials $E_p(q)$ und
die *Phasenkurven* in der Phasenebene mit den Achsen q/s^* und $\dot{q}/(\omega s^*)$ für
den Wert des Strukturparameters $h/s^* = 0,8$.

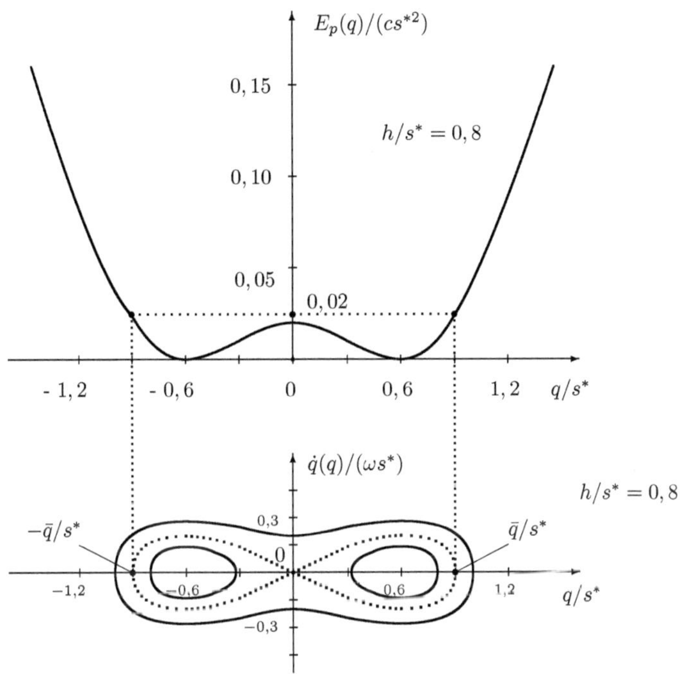

Abbildung 2.76: Potential und Phasenkurven für $h/s^* = 0,8$

Der Verlauf dieser Kurven zeigt, dass es für $h/s^* = 0,8 < 1$ drei Gleichgewichtslagen gibt. Die Gleichgewichtslage $q_1 = 0$ mit Potentialmaximum
ist instabil und die Gleichgewichtslagen $q_2 = 0,6$ und $q_3 = -0,6$ mit Potentialminima sind stabil.
Das *Phasenporträt* ist gekennzeichnet durch zwei *Zentren*, in $q/s^* = -0,6$
und 0,6, sowie einen *Sattelpunkt* in $q/s^* = 0$.

Die Abb. 2.77 zeigt die auf cs^{*2} bezogenen Werte des Potentials $E_p(q)$ für die Werte des Strukturparameters $h/s^* = 0,6$ (durchgezogene Linie) und 1 (punktierte Linie).

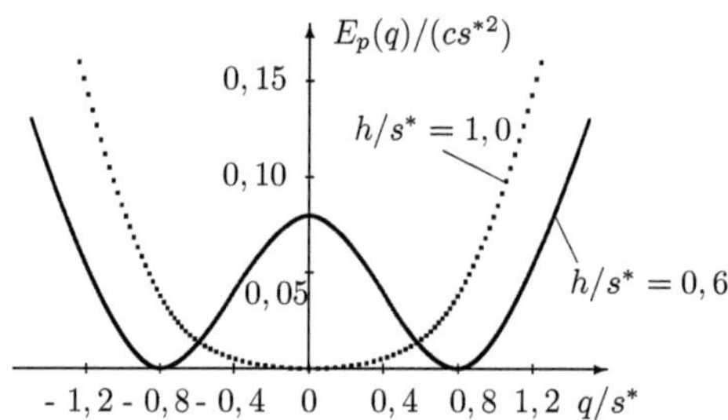

Abbildung 2.77: Potential für $h/s^* = 0,6$ unf 1

Die Abb. 2.78 zeigt die auf cs^* bezogenen Werte von $f(q)$, *Rückstellkraft* für die Gleichgewichtslage $q/s^* = 0$ für $h/s^* = 1$ (punktierte Linie) bzw. *Verstellkraft* für die Gleichgewichtslage $q/s^* = 0$ und *Rückstellkraft* für die Gleichgewichtslagen $q/s^* = -0,8$ und $q/s^* = 0,8$ für $h/s^* = 0,6$ (durchgezogene Linie).

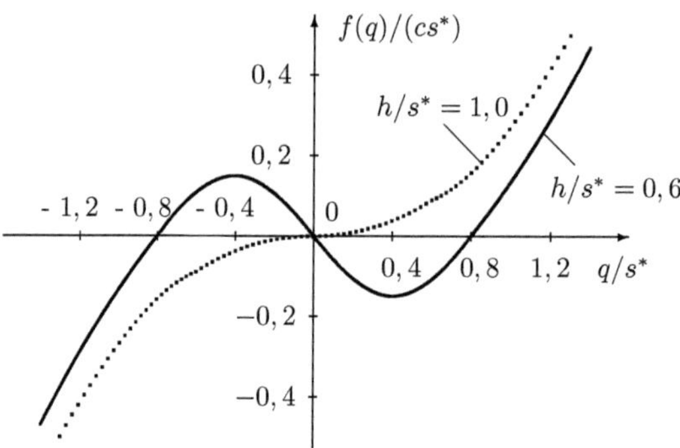

Abbildung 2.78: Kennlinien der Rückstellkraft um $q/s^* = 0$ für $h/s^* = 1$ und Verstellkraft um $q/s^* = 0$ bzw. Rückstellkraft um $q/s^* = -0,8$ und $q/s^* = 0,8$ für $h/s^* = 0,6$

Die Abb. 2.79 zeigt die auf cs^{*2} bezogenen Werte des Potentials $E_p(q)$ und die *Phasenkurven* in der Phasenebene mit den Achsen q/s^* und $\dot{q}/(\omega s^*)$ für den Wert des Strukturparameters $h/s^* = 0,6$.

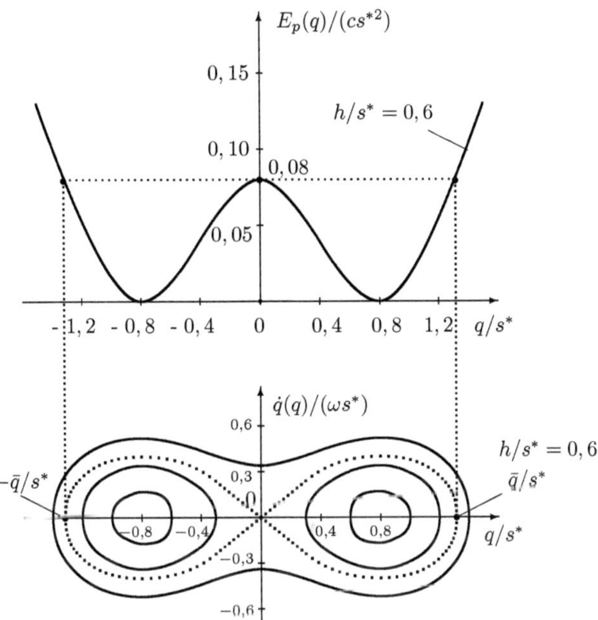

Abbildung 2.79: Potential und Phasenkurven für $h/s^* = 0,6$

Der Verlauf dieser Kurven zeigt, dass es für $h/s^* = 0,6$, also kleiner als der kritische Wert $h/s^* = 1$, drei Gleichgewichtslagen gibt. Die Gleichgewichtslage $q_1 = 0$ mit Potentialmaximum ist instabil und die Gleichgewichtslagen $q_2 = 0,8$ und $q_3 = -0,8$ mit Potentialminima sind stabil.

Das *Phasenporträt* ist gekennzeichnet durch zwei *Zentren*, in $q/s^* = -0,8$ und 0,8, sowie einen *Sattelpunkt* in $q/s^* = 0$.

2.11   Nichtlineares Feder-Masse-System mit $h > s^*$ und Reibung

Ein Rahmen befindet sich auf einer horizontalen Unterlage. Im Rahmen bewegt sich entlang einer horizontalen Führung ein Körper von der Masse m und dem Schwerpunkt in S. Seine Lage im Bezug auf den Rahmen ist durch die Länge q bestimmt (Abb. 2.80) Der Körper ist durch eine Feder mit dem Rahmen verbunden. Die Federkonstante ist c, ihre unverformte Länge beträgt s^*. Der Abstand zwischen horizontaler Führung und dem Gelenk A ist gleich mit h. Es gilt die Annahme $h > s^*$. Die Länge der Feder in einer Zwischenlage ist gleich mit $s = \sqrt{q^2 + h^2}$.

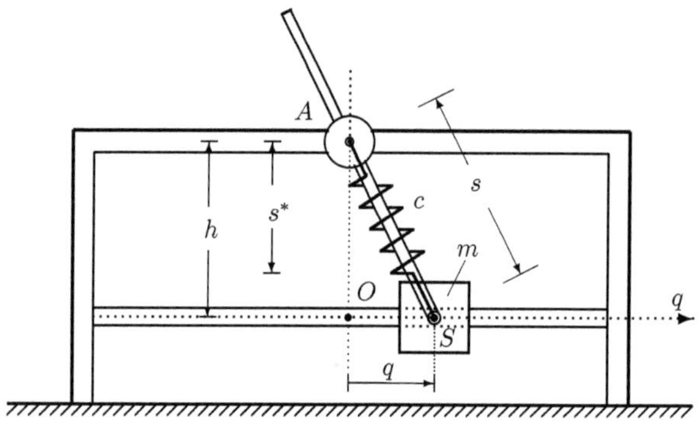

Abbildung 2.80: Nichtlineares Feder-Masse-System mit $h > s^*$

Zwischen dem Körper mit der Masse m und der horizontalen Führung wirken Gleit- und Haftreibungskräfte. Der Gleitreibungskoeffizient ist μ und der Haftreibungskoeffizient ist $\mu_0 > \mu$.

Für die Annahme $h > s^*$ hat das System ohne Reibung nur die Gleichgewichtslage $q = 0$.

Durch die Reibung bildet sich um diese Gleichgewichtslage ein Gleichgewichtsbereich. Der Einfluss der Systemparameter μ_0 und μ auf die Größe des Gleichgewichtsbereiches und auf das Verhalten des Körpers in den Gleichgewichtslagen innerhalb des Gleichgewichtsbereiches wird untersucht.

In den Gleichgewichtslagen innerhalb des Gleichgewichtsbereiches verhält sich der Körper unterschiedlich auf Veränderungen der Anfangsbedingungen durch kleine positive oder negative Anfangsgeschwindigkeiten.

Mit Hilfe einer Bilanzgleichung werden die Phasenkurven berechnet, welche das unterschiedliche Verhalten durch charakteristische Muster kennzeichnen.

Für die nummerischen Berechnungen werden die *Strukturparameter* $h/s^* = 1,2$ und $mg/(cs^*) = 0,018$ sowie die Reibungskoeffizentenpaarung $\mu_0 = 0,25$ und $\mu = 0,20$ verwendet.

2.11.1 Bewegungsdifferentialgleichung

Die Bewegungsdifferentialgleichung wird mit dem *Impulssatz in der D'Alembert'schen Form* als Gleichgewichtsbedingung der eingeprägten Kräfte, der Reaktionskräfte und der Trägheitskräfte bestimmt.

Die Abb. 2.81 zeigt die Kräfte, die auf den freigeschnittenen Körper von der Masse m während der Bewegung in die positive Richtung wirken.

- Die eingeprägten Kräfte sind das Gewicht mg, die *Federkraft* $F_e = c(s-s^*)$ mit den Komponenten $F_H = F_e \cdot \cos(\alpha) = F_e \cdot q/s = c(1 - s^*/s) \cdot q$ und $F_V = F_e \cdot \sin(\alpha) = F_e \cdot h/s = c(1 - s^*/s) \cdot h$ sowie die *Gleitreibungskraft* $F_g = \mu \cdot |F_N| \cdot \text{sign}(\dot{q})$.
- Die Reaktion ist die *Normalkraft* F_N zwischen Körper und Führung.
- Die *Trägheitskraft* ist $m\ddot{q}$.

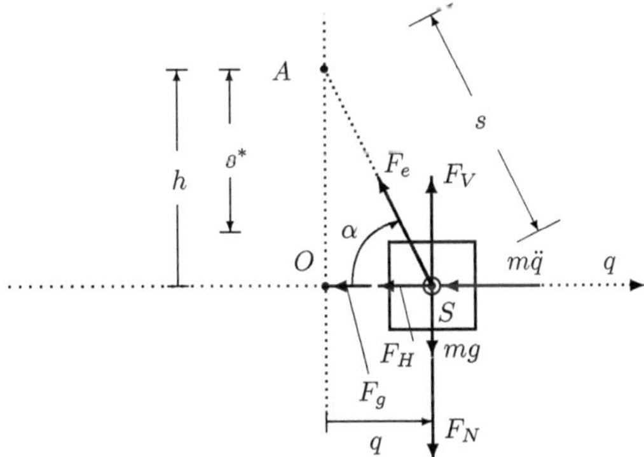

Abbildung 2.81: Kräfte, die auf den Körper bei Bewegung in die positive Richtung wirken.

Wenn in einer Lage die Geschwindigkeit des Körpers gleich ist mit null, dann wirkt anstelle der Gleitreibungskraft F_g, die eine eingeprägte Kraft ist, eine *Haftreibungskraft*, welche eine *Reaktionskraft* ist, die einen maximalen Wert nicht überschreiten kann.

Der *maximale* Betrag der *Haftreibungskraft* ist $F_h = \mu_0 |F_N|$.

Die Richtung dieser Kraft ist der Verlagerungstendenz des Körpers entgegengesetzt. Die Verlagerungstendenz des Körpers wird durch die *Rückstellkraft*, das ist die horizontale Komponente $F_H = F_e \cos(\alpha) = F_e \cdot q/s = c(1 - s^*/s) \cdot q$ der Federkraft, hervorgerufen.

Wenn in einer Lage der Betrag der horizontalen Komponente F_H größer ist als der maximale Betrag der Haftreibungskraft $F_h = \mu_0 |F_N|$, dann geht die Bewegung weiter in Richtung von F_H.

Wenn der Betrag der horizontalen Komponente F_H kleiner ist als der maximale Betrag der Haftreibungskraft $F_h = \mu_0 |F_N|$, dann wird F_H durch die Haftreibungskraft ausgeglichen und die Bewegung geht nicht weiter. Solche Lagen sind Gleichgewichtslagen.

Die Gleichgewichtsbedingung der Kräfte in Abb. 2.81 in horizontaler und vertikaler Richtung sind

$$\sum F_{iH} = -m\ddot{q} - F_g - F_e \cos(\alpha) = 0, \qquad \sum F_{iV} = -mg + F_e \sin(\alpha) - F_N = 0.$$

Daraus folgt mit $\sin(\alpha) = h/s$ und $\cos(\alpha) = q/s$ die *Bewegungsdifferentialgleichung*

$$m\ddot{q} + c(s - s^*) \cdot \frac{q}{s} = -F_g \tag{2.52}$$

mit

$$F_N = -mg + c(s - s^*) \cdot \frac{h}{s} \qquad \text{und} \qquad F_g = \mu \cdot F_N \cdot \text{sign}(F_N) \cdot \text{sign}(\dot{q}). \tag{2.53}$$

Um die Bereiche zu bestimmen, in welchen für die *Nomalreaktion* $F_N > 0$ bzw. $F_N < 0$ gelten, werden aus der Gleichung $F_N = 0$ die Lösungen berechnet. Es gilt

$$F_N = c\left(1 - \frac{s^*}{s}\right) \cdot h - mg = cs^*\left[\left(1 - \frac{s^*}{s}\right) \cdot \frac{h}{s^*} - \frac{mg}{cs^*}\right] = 0 \quad \rightarrow \quad \frac{s^*}{s} = 1 - \frac{mg/(cs^*)}{h/s^*}$$

und mit $s/s^* = \sqrt{(q/s^*)^2 + (h/s^*)^2}$ erhält man der Lösungen

$$\left(\frac{q}{s^*}\right)^2 = \left(\frac{q_n}{s^*}\right)^2 = \frac{1}{\left[1 - \frac{mg/(cs^*)}{h/s^*}\right]^2} - \left(\frac{h}{s^*}\right)^2.$$

Mit den angenommenen nummerischen Werten $h/s^* = 1,2$ und $mg/(cs^*) = 0,018$ folgt

$$\left(\frac{q_n}{s^*}\right)^2 = -0,4093.$$

Somit gibt es keine reelen Lösungen und F_N ändert nicht das Vorzeichen.
In der Lage $q/s^* = 0$ mit $s = h$ gilt

$$\frac{F_N}{cs^*} = \frac{h}{s^*} - 1 - \frac{mg}{cs^*} = 0,182 > 0$$

und somit ist für die angenommenen Parameterwerte die Normalreaktion
F_N positiv.

2.11.2 Bilanzgleichung für das System mit Reibung

Die Multiplikation der Bewegungsdifferentialgleichung mit dq ergibt eine
Bilanzgleichung in Differentialform

$$m\ddot{q} \cdot dq + c(s - s^*) \cdot \frac{q}{s} \cdot dq = -F_g \cdot dq.$$

Das Potential des Systems ist $E_p = \frac{1}{2}c\,(s - s^*)^2$ und $s^2 = q^2 + h^2$.
Die Ableitungen nach q von s^2 und E_p sind

$$2s\frac{ds}{dq} = 2q \;\rightarrow\; \frac{ds}{dq} = \frac{q}{s}, \quad \frac{dE_p}{dq} = c(s - s^*)\frac{ds}{dq}, \;\rightarrow\; \frac{dE_p}{dq} = c(s - s^*)\frac{q}{s}.$$

Das Differential der kinetischen Energie des Systems ist

$$dE_k = d(\frac{1}{2}m\dot{q}^2) = m\dot{q}d\dot{q} = m\frac{dq}{dt}\frac{d\dot{q}}{dt}dt = m\ddot{q} \cdot dq.$$

Die rechte Seite der Bilanzgleichung ist die infinitesimale *mechanische Arbeit*
$-F_g \cdot dq$ *der Gleitreibungskraft* F_g.
Wenn diese Ergebnisse in die obige Bilanzgleichung eingesetzt werden, dann
erhält man

$$d(E_k) + d(E_p) = -F_g \cdot dq.$$

Das ist die Differentialform des Arbeitssatzes.
Durch Integration mit den Anfangsbedingungen $t = 0$, $q(0) = q_0$, $\dot{q}(0) = v_0$
folgt die *Bilanzgleichung (Arbeitssatz) in Integralform*

$$E_k(\dot{q}) + E_p(q) - [E_k(v_0) + E_p(q_0)] = -\int_0^t F_g \cdot dq.$$

oder

$$\frac{1}{2}m\dot{q}^2 + \frac{1}{2}c\left(\sqrt{q^2 + h^2} - s^*\right)^2 - \left[\frac{1}{2}mv_0^2 + \frac{1}{2}c\left(\sqrt{q_0^2 + h^2} - s^*\right)^2\right] = -\int_0^t F_g \cdot dq.$$

Die Berechnung der mechanischen Arbeit A_r der Gleitreibungskraft F_g ergibt

$$A_r = -\int_0^t F_g \cdot dq = -\int_0^t \mu \cdot \left[c(s - s^*) \cdot \frac{h}{s} - mg \right] \cdot \mathrm{sign}(F_N) \cdot \mathrm{sign}(\dot{q}) \cdot dq$$

$$= -\mu \left[\int_0^t (ch - mg) \cdot dq - chs^* \int_0^t \frac{dq}{\sqrt{q^2 + h^2}} \right] \cdot \mathrm{sign}(F_N) \cdot \mathrm{sign}(\dot{q})$$

$$= -\mu \left[(ch - mg)(q - q_0) - chs^* \ln \frac{q + \sqrt{q^2 + h^2}}{q_0 + \sqrt{q_0^2 + h^2}} \right] \cdot \mathrm{sign}(F_N) \cdot \mathrm{sign}(\dot{q})$$

$$= -cs^{*2} \mu \left[\left(\frac{h}{s^*} - \frac{mg}{cs^*} \right) \left(\frac{q}{s^*} - \frac{q_0}{s^*} \right) \right.$$

$$\left. - \frac{h}{s^*} \ln \frac{q/s^* + \sqrt{(q/s^*)^2 + (h/s^*)^2}}{q_0/s^* + \sqrt{(q_0/s^*)^2 + (h/s^*)^2}} \right] \cdot \mathrm{sign}(F_N) \cdot \mathrm{sign}(\dot{q})$$

und mit $\sqrt{(q/s^*)^2 + (h/s^*)^2} = s/s^*$ und $\sqrt{(q_0/s^*)^2 + (h/s^*)^2} = s_0/s^*$ folgt

$$A_r = -cs^{*2} \mu \left[\left(\frac{h}{s^*} - \frac{mg}{cs^*} \right) \left(\frac{q}{s^*} - \frac{q_0}{s^*} \right) - \frac{h}{s^*} \ln \frac{q/s^* + s/s^*}{q_0/s^* + s_0/s^*} \right] \cdot \mathrm{sign}(F_N) \cdot \mathrm{sign}(\dot{q}).$$

Die Bilanzgleichung in Integralform wird mit cs^{*2} geteilt und mit der Bezeichnung $\omega = \sqrt{c/m}$ kann diese Bilanzgleichung wie folgt geschrieben werden:

$$\frac{1}{2} \left(\frac{\dot{q}}{\omega s^*} \right)^2 + \frac{1}{2} \left(\frac{s}{s^*} - 1 \right)^2 - \left[\frac{1}{2} \left(\frac{v_0}{\omega s^*} \right)^2 + \frac{1}{2} \left(\frac{s_0}{s^*} - 1 \right)^2 \right]$$

$$+ \mu \left[\left(\frac{h}{s^*} - \frac{mg}{cs^*} \right) \left(\frac{q}{s^*} - \frac{q_0}{s^*} \right) - \frac{h}{s^*} \ln \frac{q/s^* + s/s^*}{q_0/s^* + s_0/s^*} \right] \cdot \mathrm{sign}(F_N) \cdot \mathrm{sign}(\dot{q}) = 0. \quad (2.54)$$

Diese *Bilanzgleichung* der kinetischen Energie, des Potentials und der mechanischen Arbeit der Gleitreibungskraft gilt bereichsweise in Abschnitten, in welchen F_N und $\dot{q}$ die Vorzeichen nicht ändern.

Diese *Bilanzgleichung* ist auch die *Gleichung der Phasenkurven* in einer Phasenebene mit den dimensionslosen Koordinatenachsen q/s^* und $\dot{q}/(\omega s^*)$.

2.11.3 Gleichgewichtslage und deren Stabilität für das konservative System

Für das System ohne Reibung ist die *Bewegungsdifferentialgleichung*

$$m\ddot{q} + c(s - s^*) \cdot \frac{q}{s} = 0.$$

Die Gleichgewichtslagen sind die Lösungen der Gleichung

$$\frac{dE_p}{dq} = c(s - s^*) \cdot \frac{q}{s} = c\left(1 - \frac{s^*}{s}\right) \cdot q = 0.$$

Eine erste Lösung ist $q = q_1 = 0$.
Diese ist unabhängig von den Werten der Parameter s^* und h.
Die Gleichgewichtslage $q_1 = 0$ ist in der Abb. 2.82 mit punktierten Linien dargestellt.

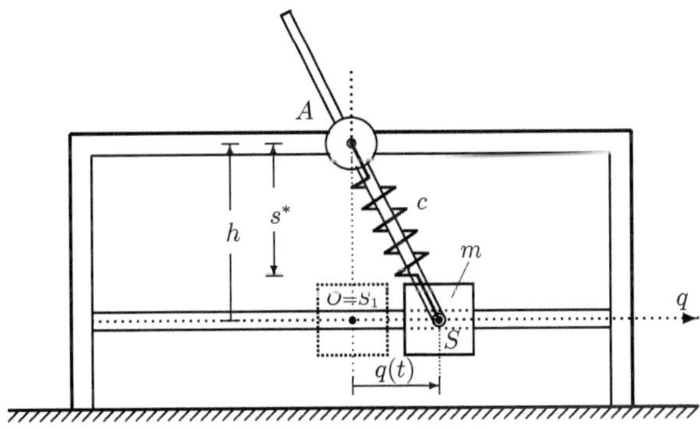

Abbildung 2.82: Gleichgewichtslage $q = q_1 = 0$

Weitere Gleichgewichtslagen ergeben sich mit $s = \sqrt{q^2 + h^2}$ aus der Gleichung

$$\frac{s^*}{\sqrt{q^2 + h^2}} - 1 = 0 \quad \rightarrow \quad q^2 = s^{*2} - h^2,$$

wenn die Bedingung $h < s^*$ erfüllt ist.
Wegen der Annahme $h > s^*$ gibt es somit keine weiteren Gleichgewichtslagen.

Um die Stabilität der Gleichgewichtslage $q_1/s^* = 0$ zu bestimmen, werden die Ableitungen des Potentials berechnet,

$$E_p = \frac{1}{2}c(s-s^*)^2, \quad \frac{dE_p}{dq} = c(s-s^*)\cdot\frac{ds}{dq}, \quad \frac{d^2E_p}{dq^2} = c\Big(\frac{ds}{dq}\Big)^2 + c(s-s^*)\cdot\frac{d^2s}{dq^2}$$

mit

$$s^2 = q^2 + h^2, \qquad 2s\frac{ds}{dq} = 2q \quad \rightarrow \quad \frac{ds}{dq} = \frac{q}{s}$$

und

$$\Big(\frac{ds}{dq}\Big)^2 + s\cdot\frac{d^2s}{dq^2} = 1 \quad \rightarrow \quad \frac{d^2s}{dq^2} = \frac{1}{s}\Big[1 - \Big(\frac{ds}{dq}\Big)^2\Big].$$

In der Gleichgewichtslage $q/s^* = q_1/s^* = 0$ gilt

$$s = h, \quad \frac{ds}{dq} = 0, \quad \frac{d^2s}{dq^2} = \frac{1}{h}, \quad \frac{dE_p}{dq} = 0, \quad \frac{d^2E_p}{dq^2} = c\Big(1 - \frac{s^*}{h}\Big) = 0,167\,c > 0.$$

Wegen $\frac{d^2E_p}{dq^2} = 0,167\,c > 0$ ist diese Gleichgewichtslage stabil.

2.11.4   Phasenkurven für das System mit Reibung

Die Phasenkurven in einer Ebene mit den Koordinatenachsen q/s^* und $\dot{q}/(\omega s^*)$ werden mit Hilfe der *Bilanzgleichung* (2.54) der kinetischen Energie, des Potentials und der mechanischen Arbeit der Gleitreibungskraft berechnet. Diese Gleichung ist

$$\frac{1}{2}\Big(\frac{\dot{q}}{\omega s^*}\Big)^2 + \frac{1}{2}\Big(1 - \frac{s}{s^*}\Big)^2 - \Big[\frac{1}{2}\Big(\frac{v_0}{\omega s^*}\Big)^2 + \frac{1}{2}\Big(1 - \frac{s_0}{s^*}\Big)^2\Big]$$

$$+\mu\Big[\Big(\frac{mg}{cs^*} - \frac{ch}{cs^*}\Big)\Big(\frac{q}{s^*} - \frac{q_0}{s^*}\Big) + \frac{h}{s^*}\ln\frac{q/s^* + s/s^*}{q_0/s^* + s_0/s^*}\Big]\cdot\mathrm{sign}(F_N)\cdot\mathrm{sign}(\dot{q}) = 0.$$

Diese Bilanzgleichung gilt bereichsweise in Abschnitten, in welchen F_N und $\dot{q}$ die Vorzeichen nicht ändern.

Wenn eine Phasenkurve die Grenze eines dieser Abschnitte erreicht, wird mit diesen Werten q und $\dot{q}$ als Anfangswerte für den angrenzenden Abschnitt der weitere Verlauf der Phasenkurve berechnet.

Darin besteht das *Anstückelungsverfahren*.

Für die angenommenen nummerischen Werte $h/s^* = 1,2$ und $mg/(cs^*) = 0,018$ gilt für die Normalkraft $F_N > 0$.

Wegen der Symmetrie des Systems sind die Phasenkurven symmetrisch in Bezug auf den Koordinatenursprung der Phasenebene.

2.11.5 Gleichgewichtsbereich für die Reibungskoeffizienten $\mu_0 = 0,25$ und $\mu = 0,20$

Die Gleichgewichtsbereiche werden durch die maximalen Werte $\mu_0|F_N|$ der Haftreibungskräfte bestimmt.

Innerhalb dieser Bereiche sind die Beträge der horizontalen Komponente $|F_H| = |F_e \cos(\alpha)|$ der Federkraft F_e kleiner als $\mu_0|F_N|$.

Die Grenzpunkte dieser Bereiche sind die Lösungen der Gleichung

$$|F_H| = \mu_0|F_N| \quad \rightarrow \quad c\Big|\Big(1 - \frac{s^*}{s}\Big) \cdot q\Big| = \mu_0\Big|c\Big(1 - \frac{s^*}{s}\Big) \cdot h - mg\Big|.$$

Zur *iterativen Berechnung* der Lösung im Bereich $q/s^* > 0$ mit $F_H > 0$ und $F_N > 0$ wird diese Gleichung wie folgt geschrieben

$$\frac{q_{i+1}}{s^*} = \mu_0 \frac{h}{s^*} - \mu_0 \frac{mg}{cs^*} \frac{1}{1 - \frac{s^*}{s_i}} \quad \text{mit} \quad \frac{s^*}{s_i} = 1\Big/\sqrt{(q_i/s^*)^2 + (h/s^*)^2}. \quad (2.55)$$

Mit den nummerischen Werten $h/s^* = 1,2$ und $mg/(cs^*) = 0,018$ zeigt die Abb. 2.83 im Bereich $q/s^* \geq 0$ die auf cs^* bezogenen Beträge von $|F_H|$ und $\mu_0|F_N|$.

Die Abszisse des Schnittpunktes der Kurven $|F_H|/(cs*)$ und $\frac{1}{cs^*}\mu_0|F_N|$ ist der Grenzpunkt des Gleichgewichtsbereiches für $q/s^* > 0$

Diese Abszisse ist $q_h/s^* = 0,276$.

Dieser Wert wurden durch *Iteration* berechnet.

Wegen der Symmetrie des Systems ist im Bereich $q/s^* < 0$ die Lösung gleich mit $-q_h/s^* = -0,276$.

Somit bildet sich um die stabile Gleichgewichtslage $q/s^* = 0$ der Gleichgewichtsbereich $(-q_h/s^*, q_h/s^*) = (-0,276; 0,276)$.

Wenn die Lagekoordinate des Systems sich in diesem Bereich befindet und die Geschwindigkeit gleich ist mit null, dann bleibt das System in diesen Gleichgewichtslagen.

Die Kraft F_H in diesen Lagen wird durch die Reaktionskraft Haftreibungskraft $\leq \mu_0|F_N|$ ausgeglichen und somit besteht in Bewegungsrichtung Gleichgewicht.

Während der Bewegung wirkt die Gleitreibungskraft F_g, welche mit F_H die Phasenkurven bestimmen.

Die Abb. 2.83 zeigt auch die auf cs^* bezogenen Beträge der Gleitreibungskraft $|F_g| = \mu|F_N|$.

Die Abszisse des Schnittpunktes dieser Kurve mit der Kurve $|F_H|/(cs^*)$

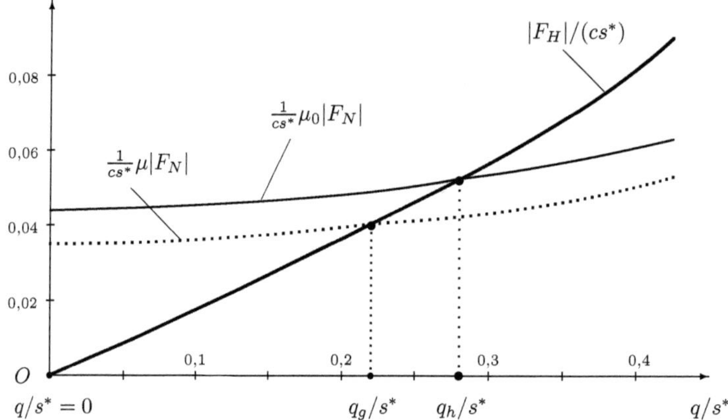

Abbildung 2.83: Auf $cs*$ bezogene Beträge der horizontalen Komponente F_H der Federkraft F_e sowie der maximalen Haftreibungskraft $\mu_0|F_N|$ mit $\mu_0 = 0,25$ und der Gleitreibungskraft $|F_g| = \mu|F_N|$ mit $\mu = 0,20$ als Funktionen von q/s^*.

begrenzt für $q/s^* > 0$ den Bereich, in welchem die Beträge der Gleitreibungskraft größer sind als die Beträge der horizontalen Komponente der Federkraft.

Diese Abszisse ist $q_g/s^* = 0,220$.

Dieser Wert wurde durch Iteration berechnet.

Wegen der Symmetrie des Systems ist im Bereich $q/s^* < 0$ die Lösung gleich mit $-q_g/s^* = -0,220$.

Somit bildet sich der Abschnitt $(-q_g/s^*, q_g/s^*) = (-0,220; 0,220)$, in welchem die Beträge der Gleitreibungskraft $\mu|F_N|$ größer sind als die Beträge der Horizontalkomponente $|F_H|$ der Federkraft F_e.

2.11.6 Phasenkurven um die stabile Gleichgewichtslage $q/s^* = 0$ für die Reibungskoeffizienten $\mu_0 = 0,25$ und $\mu = 0,20$

Die Abb. 2.84 zeigt die Phasenkurven in einem Bereich um die stabile Gleichgewichtslage $q/s^* = 0$.

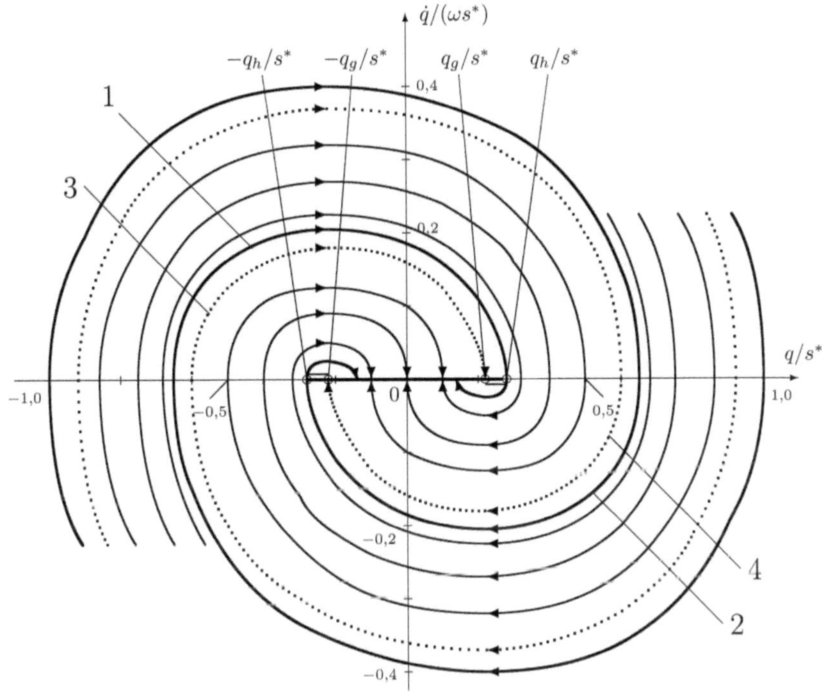

Abbildung 2.84: Phasenporträt des Systems mit Reibung mit $\mu_0 = 0,25$ und $\mu = 0,20$ für $h/s^* = 0,8$ und $mg/(cs^*) = 0,018$ um die stabile Gleichgewichtslage $q/s^* = 0$

In der Abb.2.84 ist der Gleichgewichtsbereich $(-q_h/s^*,\ q_h/s^*)$ auf der q/s^*-Achse mit dicker Linie eingezeichnet.

Die mit mit dicken Linien eingezeichneten Phasenkurven sind *Grenzkurven* und begrenzen unterschiedliche Bewegungsabläufe.

Die Kurve 1 ist ein Abschnitt der Phasenkurve, die durch den Punkt $(q_h/s^*, 0)$ geht, in welchem der Betrag der horizontalen Komponente der Federkraft gleich ist mit der maximalen Haftreibungskraft.

Die Kurve 3 mündet in den Phasenpunkt $(q_g/s^*, 0)$, in welchem der Betrag der Gleitreibungskraft gleich ist mit dem Betrag der horizontalen Komponente der Federkraft und die Geschwindigkeit gleich ist mit null.

Entsprechendes gilt auch für die Grenzkurven 2 und 4 für den Gleichgewichtsabschnitt $(-q_h/s^*, -q_g/s^*)$.

Die Grenzkurven 1 und 2 trennen die Phasenkurven, welche mit positiver bzw. negativer Geschwindigkeit in den Gleichgewichtsbereich $(-q_h/s^*, q_h/s^*)$ einmünden.

In den Abschnitten $(q_g/s^*, q_h/s^*)$ bzw. $(-q_h/s^*, -q_g/s^*)$ des Gleichgewichtsbereiches, die in der Abb. 2.84 zusätzlich mit einer dünnen Linie markiert sind, sind der Beträge der horizontalen Komponente der Federkraft größer als die Beträge der Gleitreibungskraft aber kleiner als die maximale Haftreibungskraft.

Deshalb bestehen Besonderheiten im Verhalten des Körpers mit Anfangslagen in diesen Abschnitten und mit kleinen positiven oder negativen Anfangsgeschwindigkeiten.

Die Abb. 2.85 zeigt qualitativ den Anfangsverlauf von Phasenkurven für verschiedene Anfangslagen im Abschnitt $(0, q_h/s^*)$ mit unterschiedlichen Anfangsgeschwindigkeiten, die in der Abb. 2.85 mit kleinen Kreisen gekennzeichnet sind.

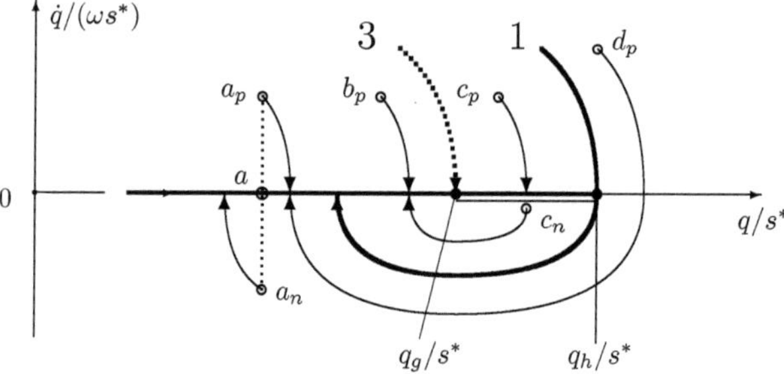

Abbildung 2.85: Phasenkurven für verschiedene Anfangsbedingungen o für $q/s^* > 0$ in der Umgebung des Abschnittes $(q_g/s^*, q_h/s^*)$ mit $h/s^* = 1,2$, $mg/(cs^*) = 0,018$, $\mu_0 = 0,25$ und $\mu = 0,20$

Die Anfangsbedingung a entspricht einer Gleichgewichtslage.

Die Anfangsbedingung a_p entspricht der gleichen Anfangslage a mit einer kleinen positiven Anfangsgeschwindigkeit. Die Phasenkurve der entsprechenden Bewegung zeigt, dass sich der Körper in eine benachbarte Gleichgewichtslage in die positive Richtung verschiebt.

Die Anfangsbedingung a_n entspricht der gleichen Anfangslage a mit einer kleinen negativen Anfangsgeschwindigkeit. Die Phasenkurve der entsprechenden Bewegung zeigt, dass sich der Körper in eine benachbarte Gleichgewichtslage in die negative Richtung verschiebt.

Die Anfangsbedingung b_p entspricht einer Anfangslage im Bereich $q/s^* < q_g/s^*$ mit einer kleinen positiven Anfangsgeschwindigkeit. Die Phasenkurve der entsprechenden Bewegung zeigt, dass sich der Körper in eine benachbarte Gleichgewichtslage in die positive Richtung verschiebt.

Die Anfangsbedingung c_p entspricht einer Anfangslage im Abschnitt $(q_g/s^*, q_h/s^*)$ mit einer kleinen positiven Anfangsgeschwindigkeit. Die Phasenkurve zeigt, dass sich der Körper in die positive Richtung in eine benachbarte Gleichgewichtslage verschiebt.

Die Anfangsbedingung c_n entspricht einer Anfangslage im Abschnitt $(q_g/s^*, q_h/s^*)$ mit einer kleinen negativen Anfangsgeschwindigkeit. Die Phasenkurve der entsprechenden Bewegung zeigt, dass sich der Körper in die negative Richtung bewegt und in einer Lage links von q_g/s^* zum Stillstand kommt.

Die Anfangszustände mit Anfangslagen zwischen den Grenzkurven 3 und 1 mit kleinen positien Anfangsgeschwindigkeiten verschieben der Körper in eine benachbarte Gleichgewichtslage so wie bei Anfangslagen zwischen 0 und q_g/s^*.

Die Anfangszustände mit Anfangslagen zwischen den Grenzkurven 3 und 1 mit kleinen negatien Anfangsgeschwindigkeiten verschieben der Körper in Gleichgewichtslagen links von q_g/s^* und unterscheiden sich dadurch von den Anfangslagen zwischen 0 und q_g/s^*, bei welchen eine kleine negative Anfangsgeschwindigkeit eine kleine Verschiebung in eine benachbarte Gleichgewichtslage verursacht.

Die Anfangsbedingung d_p mit einer Anfangslage außerhalb des Gleichgewichtsbereiches und einer positiven Anfangsgeschwindigkeit führt auf eine Bewegung in die positive Richtung bis zu einem Umkehrpunkt. Danach bewegt sich der Körper in die negative Richtung und kommt in einer Lage links von q_g/s^* zum Stillstand.

Ein analoges Verhalten gibt es auch für Anfangslagen im Abschnitt $(-q_h/s^*, -q_g/s^*)$ mit entgegengesetzten Vorzeichen.

2.12 Nichtlineares Feder-Masse-System mit $h < s^*$ und Reibung

Ein Rahmen befindet sich auf einer horizontalen Unterlage. Im Rahmen bewegt sich entlang einer horizontalen Führung ein Körper von der Masse m und dem Schwerpunkt in S. Seine Lage im Bezug auf den Rahmen ist durch die Länge q bestimmt. Der Körper ist durch eine Feder mit dem Rahmen verbunden. Die Federkonstante ist c, ihre unverformte Länge beträgt s^*. Der Abstand zwischen horizontaler Führung und dem Gelenk A ist gleich mit $h \geq 0$. Es gilt die Annahme $h < s^*$. Die Länge der Feder in einer Zwischenlage ist gleich mit $s = \sqrt{q^2 + h^2}$.

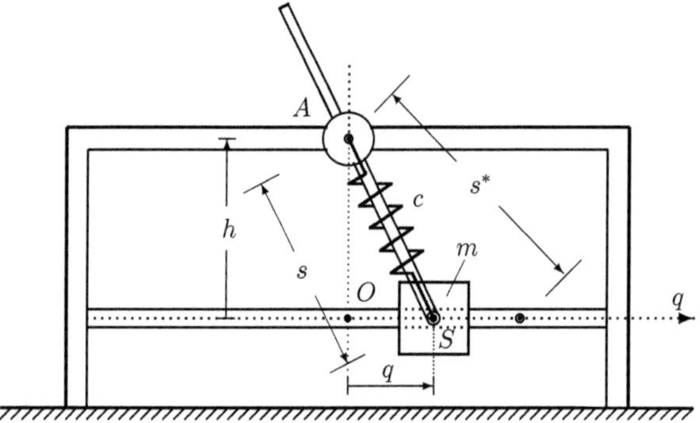

Abbildung 2.86: Nichtlineares Feder-Masse-System mit $h < s^*$

Zwischen dem Körper mit der Masse m und der horizontalen Führung wirken Gleit- und Haftreibungskräfte. Der Gleitreibungskoeffizient ist μ und der Haftreibungskoeffizient ist $\mu_0 > \mu$.

Das System ohne Reibung hat drei Gleichgewichtslagen, eine instabile und zwei stabile.

Durch die Reibung bilden sich um diese Gleichgewichtslagen Gleichgewichtsbereiche.

Der Einfluss von Veränderungen der Systemparameter μ_0 und μ auf die Größe der Gleichgewichtsbereiche und auf das Verhalten des Körpers in den Gleichgewichtslagen innerhalb dieser Gleichgewichtsbereiche wird untersucht.

Die Gleichgewichtslagen innerhalb der Gleichgewichtsbereiche unterscheiden sich durch das Verhalten des Körpers auf Veränderungen der Anfangsbedingungen mit Anfangslagen innerhalb der Bereiche und kleinen positiven oder negativen Anfangsgeschwindigkeiten.

Mit Hilfe einer Bilanzgleichung werden die Phasenkurven berechnet, welche das unterschiedliche Verhalten durch charakteristische Muster kennzeichnen.

Für die nummerischen Berechnungen werden die *Strukturparameter* $h/s^* = 0,8$ und $mg/(cs^*) = 0,0523$ angenommen sowie die drei Reibungskoeffizentenpaarungen $\mu_0 = 0,25$ und $\mu = 0,20$, $\mu_0 = 0,33$ und $\mu = 0,20$ sowie $\mu_0 = 0,40$ und $\mu = 0,33$ verwendet.

2.12.1 Bewegungsdifferentialgleichung

Die Bewegungsdifferentialgleichung wird mit dem *Impulssatz in der D'Alembert'schen Form* als Gleichgewichtsbedingung der eingeprägten Kräfte, der Reaktionskräfte und der Trägheitskräfte bestimmt.

Die Abb. 2.87 zeigt die Kräfte, die auf den freigeschnittenen Körper von der Masse m während der Bewegung in positiver Richtung wirken.

- Die eingeprägten Kräfte sind das Gewicht mg, die *Federkraft* $K_e = c(s^*-s)$ mit den Komponenten $K_H = K_e \cdot \cos(\alpha) = K_e \cdot q/s$ und $K_V = K_e \cdot \sin(\alpha) = K_e \cdot h/s$ sowie die *Gleitreibungskraft* $F_g = \mu \cdot |F_N| \cdot \mathrm{sign}(\dot{q})$.

- Die Reaktionskraft ist die *Normalreaktion* F_N zwischen Körper und horizontaler Führung.

- Die *Trägheitskraft* ist $m\ddot{q}$.

Wenn in einer Lage die Geschwindigkeit des Körpers gleich ist mit null, dann wirkt anstelle der *Gleitreibungskraft* F_g, welche eine *eingeprägte Kraft* ist, eine *Haftreibungskraft*, welche eine *Reaktionskraft* ist, die einen maximalen Wert nicht überschreiten kann.

Der *maximale* Betrag der *Haftreibungskraft* ist $F_h = \mu_0|F_N|$.

Die Richtung dieser Kraft ist der Verlagerungstendenz des Körpers entgegengesetzt. Die Verlagerungstendenz des Körpers wird durch die horizontale Komponente $K_H = K_e \cos(\alpha) = K_e \cdot q/s$ der Federkraft hervorgerufen.

Wenn in einer Lage mit $\dot{q} = 0$ der Betrag der horizontalen Komponente K_H größer ist als der maximale Betrag der Haftreibungskraft $F_h = \mu_0|F_N|$, dann geht die Bewegung weiter in Richtung von K_H.

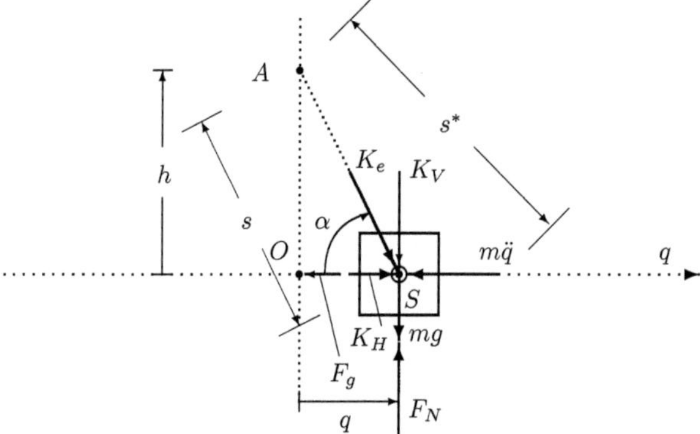

Abbildung 2.87: Kräfte, die auf den Körper bei Bewegung in die positive Richtung wirken.

Wenn der Betrag der horizontalen Komponente K_H kleiner ist als der maximale Betrag der Haftreibungskraft $F_h = \mu_0|F_N|$, dann wird K_H durch die Haftreibungskraft ausgeglichen und die Bewegung geht nicht weiter. Solche Lagen sind Gleichgewichtslagen.

Das Gleichgewicht der Kräfte in Abb. 2.87 in horizontaler und vertikaler Richtung ergibt

$$\sum F_{iH} = -m\ddot{q} - F_g + K_e\cos(\alpha) = 0, \qquad \sum F_{iV} = -mg - K_e\sin(\alpha) + F_N = 0.$$

Daraus folgt mit $\sin(\alpha) = h/s$ und $\cos(\alpha) = q/s$ die *Bewegungsdifferentialgleichung*

$$m\ddot{q} - c(s^* - s)\cdot\frac{q}{s} = -F_g \tag{2.56}$$

mit

$$F_N = mg + c(s^* - s)\cdot\frac{h}{s} \qquad \text{und} \qquad F_g = \mu\cdot F_N\cdot\text{sign}(F_N)\cdot\text{sign}(\dot{q}). \tag{2.57}$$

Um die Bereiche zu bestimmen, in welchen für die *Normalreaktion* $F_N > 0$ bzw. $F_N < 0$ gelten, werden aus der Gleichung $F_N = 0$ die Lösungen berechnet. Es gilt

$$F_N = mg + c\left(\frac{s^*}{s} - 1\right)\cdot h = cs^*\left[\frac{mg}{cs^*} + \left(\frac{s^*}{s} - 1\right)\cdot\frac{h}{s^*}\right] = 0 \;\rightarrow\; \frac{s^*}{s} = 1 - \frac{mg/(cs^*)}{h/s^*}$$

und mit $s/s^* = \sqrt{(q/s^*)^2 + (h/s^*)^2}$ erhält man die Lösungen

$$\left(\frac{q}{s^*}\right)^2 = \frac{1}{\left[1 - \frac{mg/(cs^*)}{h/s^*}\right]^2} - \left(\frac{h}{s^*}\right)^2 \;\rightarrow\; \frac{q}{s^*} = -\frac{q_n}{s^*} = -0,710, \quad \frac{q}{s^*} = \frac{q_n}{s^*} = 0,710.$$

In der Lage $q/s^* = 0$ ist $F_N > 0$. Somit gilt im Bereich $q/s^* \in (-0,710, 0.710)$ für die Normalreaktion $F_N > 0$ und in den Bereichen $q/s^* < -q_n/s^* = -0,710$ und $q/s^* > q_n/s^* = 0,710$ gilt $F_N < 0$.

In den Lagen $q/s^* = -q_n/s^* = -0,710$ und $q/s^* = q_n/s^* = 0,710$ sind F_N sowie die Reibungskräfte F_g und $F_{h\,max}$ gleich mit null.

2.12.2 Bilanzgleichung für das System mit Reibung

Die Multiplikation der Bewegungsdifferentialgleichung mit dq ergibt eine Bilanzgleichung in Differentialform

$$m\ddot{q} \cdot dq - c(s^* - s) \cdot \frac{q}{s} \cdot dq = -F_g \cdot dq.$$

Das Potential des Systems ist $E_p = \frac{1}{2} c (s^* - s)^2$ und $s^2 = q^2 + h^2$.
Die Ableitungen nach q von s^2 und E_p sind

$$2s\frac{ds}{dq} = 2q \;\rightarrow\; \frac{ds}{dq} = \frac{q}{s}, \; \frac{dE_p}{dq} = -c(s^* - s)\frac{ds}{dq}, \;\rightarrow\; \frac{dE_p}{dq} = -c(s^* - s)\frac{q}{s}.$$

Das Differential der kinetischen Energie des Systems ist

$$dE_k = d(\frac{1}{2}m\dot{q}^2) = m\dot{q}d\dot{q} = m\frac{dq}{dt}\frac{d\dot{q}}{dt}dt = m\ddot{q} \cdot dq.$$

Die rechte Seite der Bilanzgleichung ist die infinitesimale *mechanische Arbeit* $-F_g \cdot dq$ der *Gleitreibungskraft* F_g.

Wenn diese Ergebnisse in die obige Bilanzgleichung eingesetzt werden, dann erhält man $d(E_k) + d(E_p) = -F_g \cdot dq$.

Das ist die Differentialform der Bilanzgleichung.

Durch Integration mit den Anfangsbedingungen $t = 0$, $q(0) = q_0$, $\dot{q}(0) = v_0$ folgt die *Bilanzgleichung in Integralform*

$$E_k(\dot{q}) + E_p(q) - [E_k(v_0) + E_p(q_0)] = -\int_0^t F_g \cdot dq.$$

oder

$$\frac{1}{2}m\dot{q}^2 + \frac{1}{2}c\left(s^* - \sqrt{q^2 + h^2}\right)^2 - \left[\frac{1}{2}mv_0^2 + \frac{1}{2}c\left(s^* - \sqrt{q_0^2 + h^2}\right)^2\right] = -\int_0^t F_g \cdot dq.$$

Die Berechnung der *mechanischen Arbeit A_r der Gleitreibungskraft F_g* ergibt

$$A_r = -\int_0^t F_g \cdot dq = -\int_0^t \mu \cdot \left[mg + c(s^* - s) \cdot \frac{h}{s}\right] \cdot \text{sign}(F_N) \cdot \text{sign}(\dot{q}) \cdot dq$$

$$= -\mu\Big[\int_0^t (mg - ch)\cdot dq + chs^*\int_0^t \frac{dq}{\sqrt{q^2 + h^2}}\Big]\cdot \mathrm{sign}(F_N)\cdot \mathrm{sign}(\dot{q})$$

$$= -\mu\Big[(mg - ch)(q - q_0) + chs^*\ln\frac{q + \sqrt{q^2 + h^2}}{q_0 + \sqrt{q_0^2 + h^2}}\Big]\cdot \mathrm{sign}(F_N)\cdot \mathrm{sign}(\dot{q})$$

$$= -cs^{*2}\mu\Big[\Big(\frac{mg}{cs^*} - \frac{ch}{cs^*}\Big)\Big(\frac{q}{s^*} - \frac{q_0}{s^*}\Big)$$

$$+ \frac{h}{s^*}\ln\frac{q/s^* + \sqrt{(q/s^*)^2 + (h/s^*)^2}}{q_0/s^* + \sqrt{(q_0/s^*)^2 + (h/s^*)^2}}\Big]\cdot \mathrm{sign}(F_N)\cdot \mathrm{sign}(\dot{q})$$

und mit $\sqrt{(q/s^*)^2 + (h/s^*)^2} = s/s^*$ und $\sqrt{(q_0/s^*)^2 + (h/s^*)^2} = s_0/s^*$ folgt

$$A_r = -cs^{*2}\mu\Big[\Big(\frac{mg}{cs^*} - \frac{ch}{cs^*}\Big)\Big(\frac{q}{s^*} - \frac{q_0}{s^*}\Big) + \frac{h}{s^*}\ln\frac{q/s^* + s/s^*}{q_0/s^* + s_0/s^*}\Big]\cdot\mathrm{sign}(F_N)\cdot\mathrm{sign}(\dot{q}).$$

Die Bilanzgleichung in Integralform wird mit cs^{*2} geteilt und mit der Bezeichnung $\omega = \sqrt{c/m}$ kann diese *Bilanzgleichung* wie folgt geschrieben werden:

$$\frac{1}{2}\Big(\frac{\dot{q}}{\omega s^*}\Big)^2 + \frac{1}{2}\Big(1 - \frac{s}{s^*}\Big)^2 - \Big[\frac{1}{2}\Big(\frac{v_0}{\omega s^*}\Big)^2 + \frac{1}{2}\Big(1 - \frac{s_0}{s^*}\Big)^2\Big]$$

$$+ \mu\Big[\Big(\frac{mg}{cs^*} - \frac{ch}{cs^*}\Big)\Big(\frac{q}{s^*} - \frac{q_0}{s^*}\Big) + \frac{h}{s^*}\ln\frac{q/s^* + s/s^*}{q_0/s^* + s_0/s^*}\Big]\cdot\mathrm{sign}(F_N)\cdot\mathrm{sign}(\dot{q}) = 0.$$

$$(2.58)$$

Diese Bilanzgleichung der kinetischen Energie, des Potentials und der mechanischen Arbeit der Gleitreibungskraft gilt bereichsweise in Abschnitten, in welchen F_N und $\dot{q}$ die Vorzeichen nicht ändern.

Diese Bilanzgleichung ist auch die Gleichung der *Phasenkurven* in einer Phasenebene mit den dimensionslosen Koordinatenachsen q/s^* und $\dot{q}/(\omega s^*)$.

2.12.3 Gleichgewichtslagen und deren Stabilität für das konservative System

Für das System ohne Reibung ist die *Bewegungsdifferentialgleichung*

$$m\ddot{q} - c(s^* - s) \cdot \frac{q}{s} = 0.$$

Die Gleichewichtslagen sind die Lösungen der Gleichung

$$\frac{dE_p}{dq} = -c(s^* - s) \cdot \frac{q}{s} = -c\left(\frac{s^*}{s} - 1\right) \cdot q = 0.$$

Eine erste Lösung ist $q = q_1 = 0$.

Diese ist unabhängig von den Werten der Parameter s^* und h.

Die Gleichgewichtslage $q_1 = 0$ ist in der Abb. 2.88 mit punktierten Linien dargestellt.

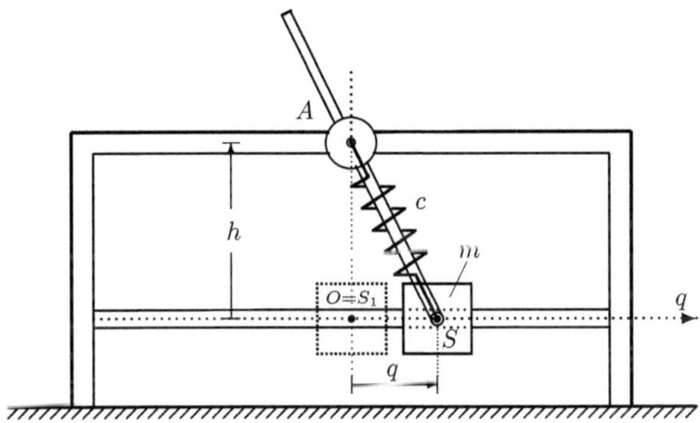

Abbildung 2.88: Gleichgewichtslage $q = q_1 = 0$

Weitere Gleichgewichtslagen ergeben sich mit $s = \sqrt{q^2 + h^2}$ aus der Gleichung

$$\frac{s^*}{\sqrt{q^2 + h^2}} - 1 = 0 \quad \rightarrow \quad q^2 = s^{*2} - h^2,$$

wenn die Bedingung $h < s^*$ erfüllt ist, was mit der getroffenen Annahme und dem angenommenen Wert $h/s^* = 0,8$ zutrifft.

Die zweite Lösung ist dann $q_2/s^* = \sqrt{1 - \left(\frac{h}{s^*}\right)^2} = 0,600$ und eine dritte

Lösung ist $q_3/s^* = -\sqrt{1 - \left(\frac{h}{s^*}\right)^2} = -0,600.$

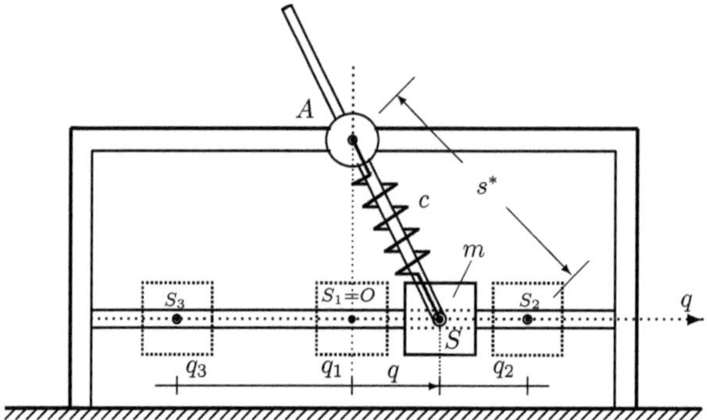

Abbildung 2.89: Gleichgewichtslagen $q_1 = 0$, q_2 und $q_3 = -q_2$

Die Gleichgewichtslage $S_1 = O$ sowie die Gleichgewichtslagen S_2 und S_3 sind in der Abb. 2.89 mit punktierten Linien eingezeichnet.

Um die Stabilität der Gleichgewichtslagen $q_1/s^* = 0$, $q_2/s^* = 0,600$ und $q_3/s^* = -0,600$ zu bestimmen, werden die Ableitungen des Potentials berechnet,

$$E_p = \frac{1}{2}c(s^* - s)^2, \quad \frac{dE_p}{dq} = -c(s^* - s)\cdot\frac{ds}{dq}, \quad \frac{d^2 E_p}{dq^2} = c\left(\frac{ds}{dq}\right)^2 - c(s^* - s)\cdot\frac{d^2 s}{dq^2},$$

mit $s^2 = q^2 + h^2$, $2s\frac{ds}{dq} = 2q$ und $\frac{ds}{dq} = \frac{q}{s}$ sowie

$$\left(\frac{ds}{dq}\right)^2 + s\cdot\frac{d^2 s}{dq^2} = 1 \quad \rightarrow \quad \frac{d^2 s}{dq^2} = \frac{1}{s}\left[1 - \left(\frac{ds}{dq}\right)^2\right].$$

In der Gleichgewichtslage $q/s^* = q_1/s^* = 0$ gilt $s = h$ und

$$\frac{ds}{dq} = 0, \quad \frac{d^2 s}{dq^2} = \frac{1}{h}, \quad \frac{dE_p}{dq} = 0, \quad \frac{d^2 E_p}{dq^2} = -c\left(\frac{s^*}{h} - 1\right) = -0,250\,c < 0.$$

Wegen $\frac{d^2 E_p}{dq^2} = -0,250\,c < 0$ ist diese Gleichgewichtslage nicht stabil.

In der Gleichgewichtslage $q/s^* = q_2/s^* = 0,600$ gilt $s = s^*$ sowie

$$\frac{ds}{dq} = \frac{q_2}{s^*}, \quad \frac{d^2 s}{dq^2} = \frac{1}{s^*}\left[1 - \left(\frac{q_2}{s^*}\right)^2\right], \quad \frac{dE_p}{dq} = 0, \quad \frac{d^2 E_p}{dq^2} = c\cdot\left(\frac{q_2}{s^*}\right)^2 = 0,360\,c > 0.$$

Wegen $\frac{d^2 E_p}{dq^2} = 0,360\,c > 0$ ist diese Gleichgewichtslage stabil.

Das Gleiche gilt auch für die Gleichgewichtslage $q/s^* = q_3/s^* = -0,600$, die auch stabil ist.

2.12.4 Phasenkurven für das System mit Reibung

Die Phasenkurven in einer Ebene mit den Koordinatenachsen q/s^* und $\dot{q}/(\omega s^*)$ werden mit Hilfe der Bilanzgleichung (2.58) der kinetischen Energie, des Potentials und der mechanischen Arbeit der Gleitreibungskraft berechnet. Diese Gleichung ist

$$\frac{1}{2}\Big(\frac{\dot{q}}{\omega s^*}\Big)^2 + \frac{1}{2}\Big(1 - \frac{s}{s^*}\Big)^2 - \Big[\frac{1}{2}\Big(\frac{v_0}{\omega s^*}\Big)^2 + \frac{1}{2}\Big(1 - \frac{s_0}{s^*}\Big)^2\Big]$$

$$+\mu\Big[\Big(\frac{mg}{cs^*} - \frac{ch}{cs^*}\Big)\Big(\frac{q}{s^*} - \frac{q_0}{s^*}\Big) + \frac{h}{s^*}\ln\frac{q/s^* + s/s^*}{q_0/s^* + s_0/s^*}\Big] \cdot \mathrm{sign}(F_N) \cdot \mathrm{sign}(\dot{q}) = 0.$$

Diese *Bilanzgleichung* gilt *bereichsweise* in Abschnitten, in welchen F_N und $\dot{q}$ die Vorzeichen nicht ändern.

Wenn eine Phasenkurve die Grenze eines dieser Abschnitte erreicht, wird mit diesen Werten q und $\dot{q}$ als Anfangswerte für den angrenzenden Abschnitt der weitere Verlauf der Phasenkurve berechnet.

Darin besteht das *Anstückelungsverfahren*.

Für die angenommenen nummerischen Werte $h/s^* = 0,8$ und $mg/(cs^*) = 0,0523$ gilt im Bereich $q/s^* \in (-q_n/s^*, q_n/s^*) = (-0,710, 0,710)$ für die Normalkraft $F_N > 0$ und in den Bereichen $q/s^* < -q_n/s^* = -0,710$ und $q/s^* > q_n/s^* = 0,710)$ ist $F_N < 0$.

Wegen der Symmetrie des Systems sind die Phasenkurven symmetrisch in Bezug auf den Koordinatenursprung der Phasenebene.

2.12.5 Gleichgewichtsbereiche und Phasenkurven für die Reibungskoeffizienten $\mu_0 = 0,25$ und $\mu = 0,20$

2.12.5.1 Gleichgewichtsbereiche für die Reibungskoeffizienten $\mu_0 = 0,25$ und $\mu = 0,20$

Die Gleichgewichtsbereiche werden durch die maximalen Werte $\mu_0|F_N|$ der Haftreibungskräfte bestimmt.

Innerhalb dieser Bereiche sind die Beträge der horizontalen Komponente $|K_H| = |K_e \cos(\alpha)|$ der Federkraft K_e kleiner als $\mu_0|F_N|$.

Die Grenzpunkte dieser Bereiche sind die Lösungen der Gleichung

$$|K_H| = \mu_0|F_N| \quad \rightarrow \quad c\left|\left(\frac{s^*}{s} - 1\right) \cdot q\right| = \mu_0\left|mg + c\left(\frac{s^*}{s} - 1\right) \cdot h\right|.$$

Mit den nummerischen Werten $h/s^* = 0,8$ und $mg/(cs^*) = 0,0523$ zeigt die Abb. 2.90 im Bereich $q/s^* \geq 0$ die auf cs^* bezogenen Beträge von $|K_H|$ und $\mu_0|F_N|$.

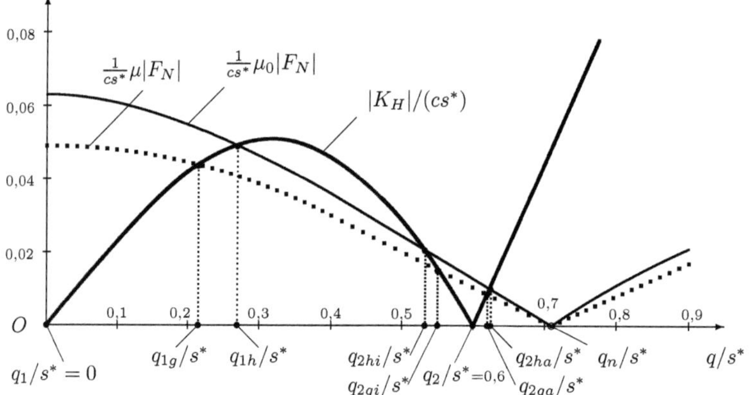

Abbildung 2.90: Auf $cs*$ bezogene Beträge der horizontalen Komponente K_H der Federkraft K_e sowie der maximalen Haftreibungskraft $\mu_0|F_N|$ mit $\mu_0 = 0,25$ und der Gleitreibungskraft $|F_g| = \mu|F_N|$ mit $\mu = 0,20$ als Funktionen von q/s^*.

Die Abszissen der Schnittpunkte der Kurven $|K_H|/(cs*)$ und $\frac{1}{cs^*}\mu_0|F_N|$ sind die Grenzpunkte der Gleichgewichtsbereiche.

Diese Abszissen sind $q_{1h}/s^* = 0,271$, $q_{2hi}/s^* = 0,535$ und $q_{2ha}/s^* = 0,626$.

Diese Werte wurden durch *Iteration* und mit dem *Bisektionsverfahren* berechnet.

Wegen der Symmetrie des Systems sind im Bereich $q/s^* < 0$ die Lösungen gleich mit $-q_{1h}/s^* = -0,271$, $q_{3hi}/s^* = -0,535$ und $q_{3ha}/s^* = -0,626$.

Somit bilden sich die folgenden drei *Gleichgewichtsbereiche*:

- um die instabile Gleichgewichtslage $q/s^* = q_1/s^* = 0$ der Bereich $(-q_{1h}/s^*, q_{1h}/s^*) = (-0,271, 0,271)$,
- um die stabile Gleichgewichtslage $q/s^* = q_2/s^* = 0,6$ der Bereich $(q_{2hi}/s^*, q_{2ha}/s^*) = (0,535, 0,626)$ und
- um die stabile Gleichgewichtslage $q/s^* = q_3/s^* = -0,6$ der Bereich $(q_{3ha}/s^*, q_{3hi}/s^*) = (-0,626, -0,535)$.

Wenn die Lagekoordinate des Körpers sich in diesen Bereichen befindet und die Geschwindigkeit gleich ist mit null, dann bleibt der Körper in diesen Gleichgewichtslagen.

Die Kraft K_H in diesen Lagen wird durch die Reaktionskraft Haftreibung ausgeglichen und somit besteht in Bewegungsrichtung Gleichgewicht.

Die Abb. 2.91 zeigt im *Stabilitätsdiagramm* des Systems ohne Reibung die Gleichgewichtsbereiche durch Reibung für $h/s^* = 0,8$ und $\mu_0 = 0,25$ um die Gleichgewichtslagen $q_1/s^* = 0$, $q_2/s^* = 0,6$ und $q_3/s^* = -0,6$.

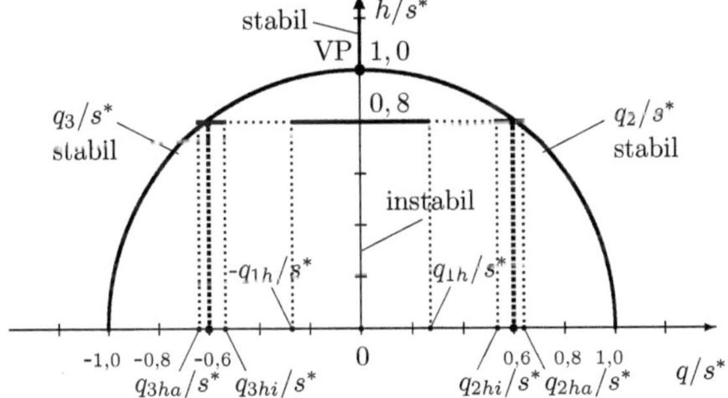

Abbildung 2.91: Stabilitätsdiagramm mit Gleichgewichtsbereichen durch Reibung für $h/s^* = 0,8$ und $\mu_0 = 0,25$ um die Gleichgewichtslagen $q_1/s^* = 0$, $q_2/s^* = 0,6$ und $q_3/s^* = -0,6$

Während der Bewegung wirkt die Gleitreibungskraft F_g, welche mit K_H die Phasenkurven bestimmen.

Die Abb. 2.90 zeigt auch die auf cs^* bezogenen Beträge der Gleitreibungskraft $|F_g| = \mu |F_N|$.

Die Abszissen der Schnittpunkte dieser Kurve mit der Kurve $|K_H|/(cs^*)$ begrenzen die Bereiche, in welchen die Beträge der Gleitreibungskraft größer sind als die Beträge der horizontalen Komponente der Federkraft.

Diese Abszissen sind $q_{1g}/s^* = 0,210$, $q_{2gi}/s^* = 0,556$ und $q_{2ga}/s^* = 0,622$. Diese Werte wurden durch *Iteration* und mit dem *Bisektionsverfahren* berechnet.

Wegen der Symmetrie des Systems sind im Bereich $q/s^* < 0$ die Lösungen gleich mit $-q_{1g}/s^* = -0,210$, $q_{3gi}/s^* = -0,556$ und $q_{3ga}/s^* = -0,622$.

Somit bilden sich die folgenden Abschnitte, in welchen die Beträge der Gleitreibungskraft $\mu|F_N|$ größer sind als die Beträge der Horizontalkomponente $|K_H|$ der Federkraft K_e:

- um $q/s^* = q_1/s^* = 0$ der Bereich $(-q_{1g}/s^*, q_{1g}/s^*) = (-0,210, 0,210)$,
- um $q/s^* = q_2/s^* = 0,6$ der Bereich $(q_{2gi}/s^*, q_{2ga}/s^*) = (0,556, 0,622)$ und
- um $q/s^* = q_3/s^* = -0,6$ der Bereich $(q_{3ga}/s^*, q_{3gi}/s^*) = (-0,622, -0,556)$.

2.12.5.2 Phasenkurven um die instabile Gleichgewichtslage $q/s^* = q_1/s^* = 0$ für die Reibungskoeffizienten $\mu_0 = 0,25$ und $\mu = 0,20$

Die Abb. 2.92 zeigt die Phasenkurven in einem Bereich um die *instabile Gleichgewichtslage* $q/s^* = q_1/s^* = 0$.

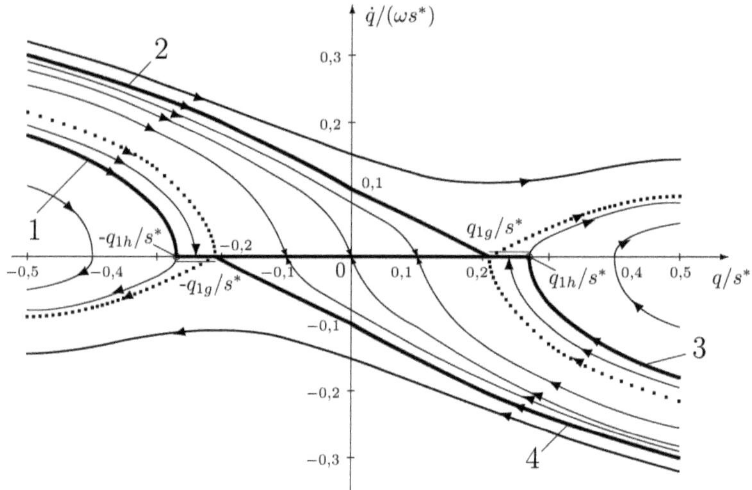

Abbildung 2.92: Phasenkurven um die instabile Gleichgewichtslage $q/s^* = q_1/s^* = 0$ mit dem Gleichgewichtsbereich durch Reibung $(-q_{1h}/s^*, q_{1h}/s^*)$ für $\mu_0 = 0,25$ und $\mu = 0,20$

Mit dicken Linien sind der Gleichgewichtsbereich $(-q_{1h}/s^*, q_{1h}/s^*)$ sowie die Phasenkurven eingezeichnet, die *Grenzkurven* sind und unterschiedliche

Bewegungsabläufe begrenzen.

Die Kurve 1 ist ein Abschnitt der Phasenkurve um die stabile Gleichgewichtslage $q_3/s^* = -q_2/s^* = -0,6$, die durch den Punkt $(-q_{1h}/s^*, 0)$ geht, in welchem der Betrag der horizontalen Komponente der Federkraft gleich ist mit der maximalen Haftreibungskraft.

Im Abschnitt $(-q_{1h}/s^*, -q_{1g}/s^*)$ des Gleichgewichtsbereiches sind der Beträge der horizontalen Komponente der Federkraft größer als die Beträge der Gleitreibungskraft aber kleiner als die maximale Haftreibungskraft.

Die Kurve 2 mündet in den Phasenpunkt $(q_{1g}/s^*, 0)$, in welchem der Betrag der Gleitreibungskraft gleich ist mit dem Betrag der horizontalen Komponente der Federkraft und die Geschwindigkeit gleich ist mit null.

Entsprechendes gilt auch für die Grenzkurven 3 und 4 sowie für den Gleichgewichtsabschnitt $(q_{1g}/s^*, q_{1h}/s^*)$.

Die Phasenkurven zwischen den Grenzkurven 1 und 2 münden mit positiven Geschwindigkeiten in den Gleichgewichtsbereich um die instabilen Gleichgewichtslage $q_1/s^* = 0$.

Für die Bewegungen in positiver Richtung, welche in einer Lage im Abschnitt $(-q_{1h}/s^*, q_{1g}/s^*)$ zum Stillstand kommen, verbleibt der Körper in diesen Lagen im Ruhezustand.

Die Phasenkurven zwischen den Grenzkurven 3 und 4 münden mit negativen Geschwindigkeiten in den Gleichgewichtsbereich um die instabilen Gleichgewichtslage $q_1/s^* = 0$.

Für die Bewegungen in negativer Richtung, welche in einer Lage im Abschnitt $(-q_{1g}/s^*, q_{1h}/s^*)$ zum Stillstand kommen, verbleibt der Körper in diesen Lagen im Ruhezustand.

Die Bereiche zwischen den Kurven 1 und 2 bzw. 3 und 4 sind die *Einzugsbereiche des Gleichgewichtsbereiches* $(-q_{1h}/s^*, q_{1h}/s^*)$.

In den Abschnitten $(q_{1g}/s^*, q_{1h}/s^*)$ bzw. $(-q_{1h}/s^*, -q_{1g}/s^*)$ des Gleichgewichtsbereiches bestehen Besonderheiten im Verhalten des Körpers, wenn er in diesen Abschnitten zum Stillstand kommt, auf Veränderungen durch kleine positive oder negative Anfangsgeschwindigkeiten.

Die Abb. 2.93 zeigt qualitativ zum Vergleich den Anfangsverlauf von Phasenkurven für verschiedene Anfangslagen mit unterschiedlichen Anfangsgeschwindigkeiten, die in der Abb. 2.93 mit kleinen Kreisen gekennzeichnet sind.

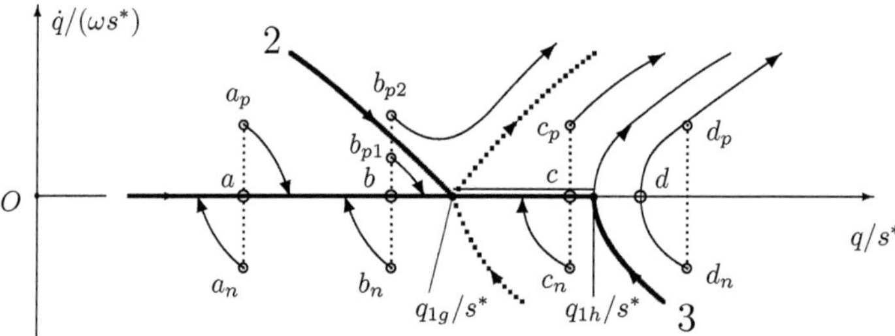

Abbildung 2.93: Phasenkurven für verschiedene Anfangsbedingungen o in der Umgebung des Abschnittes $(q_{1g}/s^*, q_{1h}/s^*)$ für $\mu_0 = 0,25$ und $\mu = 0,20$

Die Anfangsbedingung a entspricht einer Gleichgewichtslage.

Die Anfangsbedingung a_p entspricht der gleichen Anfangslage a mit einer kleinen positiven Anfangsgeschwindigkeit. Die Phasenkurve der entsprechenden Bewegung zeigt, dass sich der Körper in eine benachbarte Gleichgewichtslage in die positive Richtung verschiebt.

Die Anfangsbedingung a_n entspricht der gleichen Anfangslage a mit einer kleinen negativen Anfangsgeschwindigkeit. Die Phasenkurve der entsprechenden Bewegung zeigt, dass sich der Körper in eine benachbarte Gleichgewichtslage in die negative Richtung verschiebt.

Die Anfangsbedingung b entspricht einer Gleichgewichtslage.

Die Anfangsbedingung b_n entspricht der gleichen Anfangslage b mit einer kleinen negativen Anfangsgeschwindigkeit. Die Phasenkurve der entsprechenden Bewegung zeigt, dass sich der Körper in eine benachbarte Gleichgewichtslage in die negative Richtung verschiebt.

Die Anfangsbedingung b_{p1} entspricht der gleichen Anfangslage b mit einer kleinen positiven Anfangsgeschwindigkeit, so dass der Anfangsphasenpunkt die Grenzkurve 2 nicht überschreitet. Die Phasenkurve der entsprechenden Bewegung zeigt, dass sich der Körper in eine benachbarte Gleichgewichtslage in die positive Richtung verschiebt.

Die Anfangsbedingung b_{p2} entspricht der gleichen Anfangslage b mit einer positiven Anfangsgeschwindigkeit, so dass der Anfangsphasenpunkt die Grenzkurve 2 überschreitet. Die Phasenkurve der entsprechenden Bewegung zeigt, dass sich der Körper von diesem Gleichgewichtsbereich entfernt.

Die Anfangsbedingung c entspricht einer Gleichgewichtslage in dem Abschnitt, in welchem die Beträge der horizontalen Komponente der Federkraft größer sind als die Beträge der Gleireibungskraft aber kleiner sind als die maximale Haftreibungskraft. Deshalb wird sich der Körper nach dem Stillstand nicht weiter bewegen.

Die Anfangsbedingung c_n entspricht der gleichen Anfangslage c mit einer kleinen negativen Anfangsgeschwindigkeit. Die Phasenkurve der entsprechenden Bewegung zeigt, dass sich der Körper in eine benachbarte Gleichgewichtslage in die negative Richtung verschiebt.

Die Anfangsbedingung c_p entspricht der gleichen Anfangslage c mit einer positiven Anfangsgeschwindigkeit. Die Phasenkurve der entsprechenden Bewegung zeigt, dass sich der Körper von diesem Gleichgewichtsbereich entfernt.

Die Anfangsbedingung d_n mit einer Anfangslage außerhalb des Gleichgewichtsbereiches und einer kleinen negativen Anfangsgeschwindigkeit führt auf eine Bewegung in die negative Richtung bis zu einem Umkehrpunkt. Danach bewegt sich der Körper in die positive Richtung.

In der Anfangslage d außerhalb des Gleichgewichtsberciches, ist der Betrag der horizontale Komponente der Federkraft sowohl größer als der Betrag der Gleitreibungskraft als auch größer als die maximale Haftreibungskraft. Die Bewegung startet in die positive Richtung und entfernt sich vom Gleichgewichtsbereich.

Die Anfangsbedingung d_p mit einer Anfangslage außerhalb des Gleichgewichtsbereiches und einer kleinen positiven Anfangsgeschwindigkeit führt auf eine Bewegung in die positive Richtung.

2.12.5.3 Phasenkurven um die stabile Gleichgewichtslage $q/s^* = q_2/s^* = 0,6$
für die Reibungskoeffizienten $\mu_0 = 0,25$ **und** $\mu = 0,20$

Die Abb. 2.94 zeigt Phasenkurven um die *stabile Gleichgewichtslage* $q_2/s^* = 0,6$ mit dem Gleichgewichtsbereich durch Reibung $(q_{2hi}/s^*,\ q_{2ha}/s^*)$ $=(0{,}535;\ 0{,}626)$.

Die mit dicken Linien eingezeichneten Phasenkurven 2 und 3 sowie der Abschnitt zwischen $q_{1g}/s^* = 0,210$ und $q_{1h}/s^* = 0,271$ des Gleichgewichtsbereiches um die instabile Gleichgewichtslage $q/s^* = q_1/s^* = 0$ sind *Grenzkurven*, die den *Einzugsbereich des Gleichgewichtsbereiches um die stabile Gleichgewichtslage* $q/s^* = q_2/s^* = 0,6$ begrenzen. Dieser Einzugsbereich ist gestrichelt eingezeichnet.

Bewegungen mit Anfangsbedingungen innerhalb dieses Einzugsbereiches enden in einer Gleichgewichtslage innerhalb des Bereiches $(q_{2hi}/s^*,\ q_{2ha}/s^*)$.

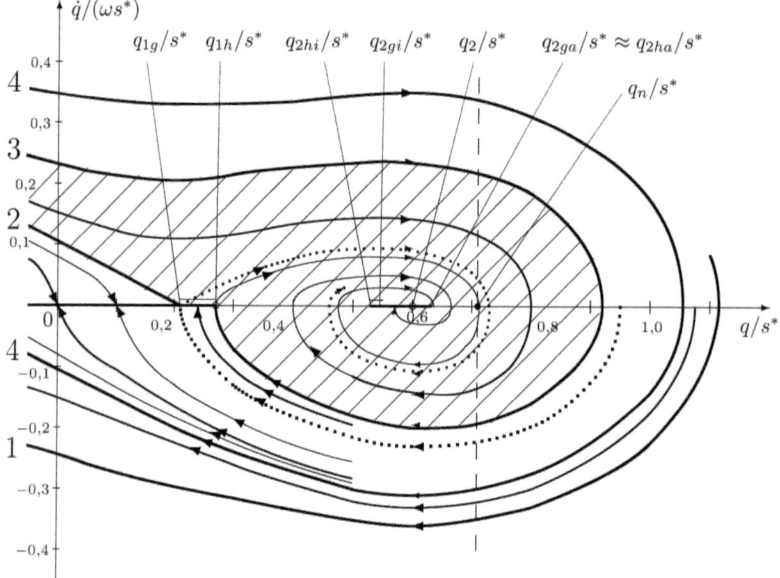

Abbildung 2.94: Phasenkurven um die stabile Gleichgewichtslage $q_2/s^* = 0,6$ mit dem Einzugsbereich des Gleichgewichtsbereiches durch Reibung $(q_{2hi}/s^*,\ q_{2ha}/s^*)$ für $\mu_0 = 0,25$ und $\mu = 0,20$

Die Gleichgewichtslagen innerhalb des Bereiches $(q_{2hi}/s^*,\ q_{2ha}/s^*)$ unterscheiden sich voneinander durch das Verhalten des Körpers auf Verände-

rungen des Anfangszustandes durch kleine positive oder negative Anfangsgeschwindigkeiten.

Die Abb. 2.95 zeigt eine vergrößerte qualitative Darstellung der Phasenkurven um den Gleichgewichtsbereich durch Reibung (q_{2hi}/s^*, q_{2ha}/s^*) mit der
stabilen Gleichgewichtslage $q_2/s^* = 0,6$ für die Reibwerte $\mu_0 = 0,25$ und
$\mu = 0,20$.

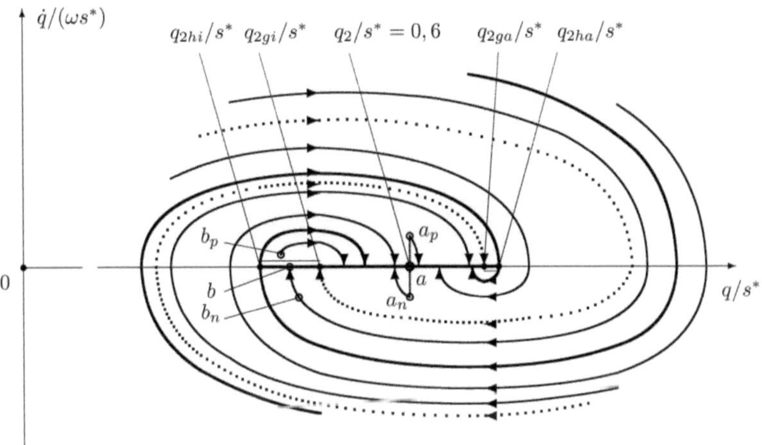

Abbildung 2.95: Qualitative Darstellung der Phasenkurven mit verschiedenen Anfangsbedingungen o um den Gleichgewichtsbereich durch Reibung (q_{2hi}/s^*, q_{2ha}/s^*), der sich
für die Reibwerte $\mu_0 = 0,25$ und $\mu = 0,20$ um die stabile Gleichgewichtslage $q_2/s^* = 0,6$
bildet

Der Anfangszustand a befindet sich im Abschnitt (q_{2gi}/s^*, q_{2ga}/s^*), in welchem die Beträge der Horizontalkomponente der Federkraft kleiner sind als
die Beträge der Gleitreibungskraft. Wenn der Körper in einer Lage innerhalb
dieses Abschnittes zum Stillstand kommt, verbleibt er in dieser Lage.

Der Anfangszustand a_p mit der Anfangslage in diesem Abschnitt und mit einer kleinen positiven Anfangsgeschwindigkeit bewirkt, dass sich der Körper
in eine benachbarte Gleichgewichtslage in die positive Richtung verschiebt.

Der Anfangszustand a_n mit einer kleinen negativen Anfangsgeschwindigkeit
bewirkt, dass sich der Körper in eine benachbarte Gleichgewichtslage in die
negative Richtung verschiebt.

Der Anfangszustand b befindet sich im Abschnitt $(q_{2hi}/s^*, q_{2gi}/s^*)$, in welchem die Beträge der Horizontalkomponente der Federkraft größer sind als die Beträge der Gleitreibungskraft, aber kleiner sind als die maximale Haftreibungskraft. Wenn der Körper in einer Lage innerhalb dieses Abschnittes mit negativer Geschwindigkeit kommend stehen bleibt, dann verbleibt er in dieser Lage.

Aus dem Anfangszustand b_n mit negativer Geschwindigkeit wird sich der Körper weiter bewegen bis er zu Stillstand kommt und stehen bleibt.

Der Anfangszustand b_p mit einer kleinen positiven Anfangsgeschwindigkeit bewirkt, dass der Körper nach einer Halbschwingung rechts von q_{2gi}/s^* stehen bleibt.

2.12.5.4 Phasenporträt für $\mu_0 = 0,25$ und $\mu = 0,20$

Die Abb. 2.96 zeigt das Phasenporträt in einem Bereich, welcher die instabile Gleichgewichtslage $q_1/s^* = 0$ sowie die stabilen Gleichgewichtslagen $q_2/s^* = 0,6$ und $q_3/s^* = -0,6$ umfasst.

Die mit dicken Linien gezeichneten Kurven sind Grenzkurven. Diese *Grenzkurven* trennen die Bewegungen, die in den jeweiligen Gleichgewichtsbereichen $(-q_{1h}/s^*, q_{1h}/s^*)$, $(q_{2hi}/s^*, q_{2ha}/s^*)$ und $(q_{3ha}/s^*, q_{3hi}/s^*)$ $=(-q_{2ha}/s^*, -q_{2hi}/s^*)$ zum Stillstand kommen.

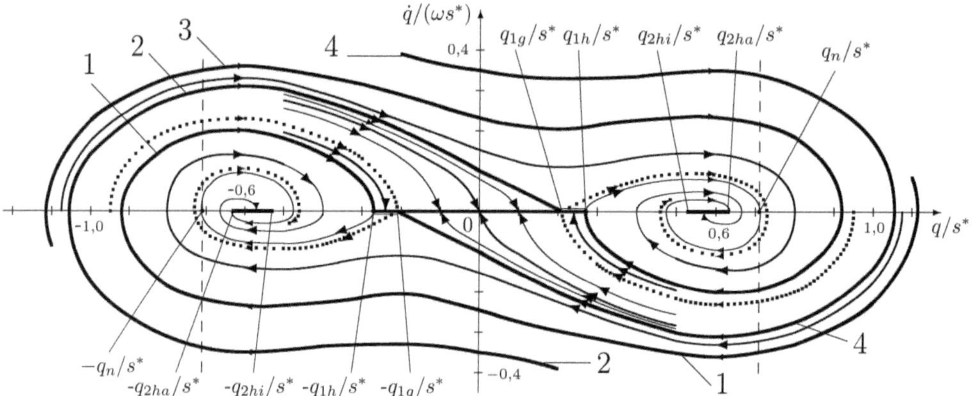

Abbildung 2.96: Grenzkurven 1, 2, 3 und 4 der Einzugsbereiche der Gleichgewichtsbereiche durch Reibung um die instabile $q_1/s^* = 0$ und um die stabilen Gleichgewichtslagen $q_2/s^* = 0,6$ und $q_3/s^* = -0,6$ für $\mu_0 = 0,25$ und $\mu = 0,2$

Die Phasenkurven zwischen den Grenzkurven 1 und 2 münden mit positiven Geschwindigkeiten in den Gleichgewichtsbereich $(-q_{1h}/s^*, q_{1g}/s^*)$ um die instabile Gleichgewichtslage $q_1/s^* = 0$.

Die Phasenkurven zwischen den Grenzkurven 3 und 4 münden mit negativen Geschwindigkeiten in den Gleichgewichtsbereich $(-q_{1g}/s^*, q_{1h}/s^*)$.

Die Phasenkurven zwischen den Grenzkurven 2 und 3 münden in den Gleichgewichtsbereich $(q_{2hi}/s^*, q_{2ha}/s^*)$ um die stabile Gleichgewichtslage $q_2/s^* = 0,6$.

Die Phasenkurven zwischen den Grenzkurven 4 und 1 münden in den Gleichgewichtsbereich $(q_{3ha}/s^*, q_{3hi}/s^*) = (-q_{2ha}/s^*, -q_{2hi}/s^*)$ um die stabile Gleichgewichtslage $q_3/s^* = -q_2/s^* = -0,6$.

Für größere Amplituden wiederholen sich in der gleichen Reihenfolge die *Einzugsbereiche der Gleichgewichtsbereiche*.

2.12.6 Gleichgewichtsbereiche und Phasenkurven für die Reibungskoeffizienten $\mu_0 = 0,33$ und $\mu = 0,20$

2.12.6.1 Gleichgewichtsbereiche für $\mu_0 = 0,33$ und $\mu = 0,20$

Wegen dem veränderten Wert des Haftreibungskoeffizienten verändern sich auch die Gleichgewichtsbereiche des Systems.

Mit den nummerischen Werten $h/s^* = 0,8$, $mg/(cs^*) = 0,0523$, $\mu_0 = 0,33$ und $\mu = 0,20$ zeigt die Abb. 2.97 im Bereich $q/s^* \geq 0$ die auf cs^* bezogenen Beträge von $|K_H|$ und $\mu_0|F_N|$.

Die Abszisse des Schnittpunktes der Kurven $|K_H|/(cs*)$ und $\frac{1}{cs^*}\mu_0|F_N|$ ist $q_h/s^* = 0,632$.

Somit bildet sich nur ein Gleichgewichtsbereich $(-q_h/s^*, q_h/s^*)$ =(-0,632, 0,632).

Innerhalb dieses Bereiches sind die Beträge der horizontalen Komponente $|K_H|$ der Federkraft K_e kleiner als $\mu_0|F_N|$.

Wenn die Lagekoordinate des Körpers sich in diesem Bereich befindet und die Geschwindigkeit gleich ist mit null, dann bleibt der Körper in dieser Gleichgewichtslage.

Die Kraft K_H in diesen Lagen wird durch die Reaktionskraft Haftreibung ausgeglichen und somit besteht in Bewegungsrichtung Gleichgewicht.

Mit dem Gleitreibungskoeffizenten $\mu = 0,20$ bleiben die Werte und die entsprechenden Bereiche unverändert, $q_{1g}/s^* = 0,210$, $q_{2gi}/s^* = 0,556$ und $q_{2ga}/s^* = 0,622$.

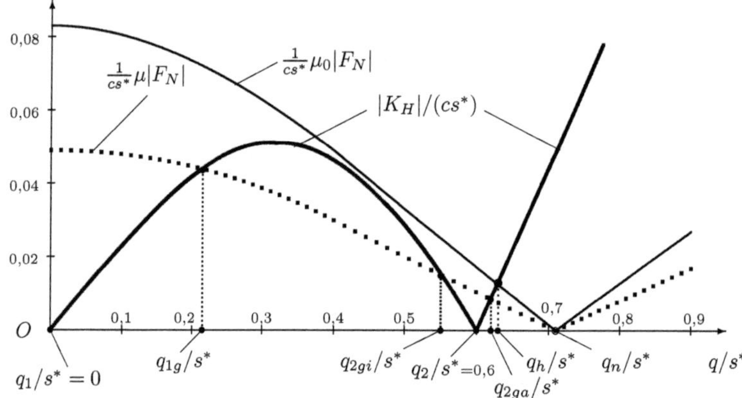

Abbildung 2.97: Auf $cs*$ bezogene Beträge der horizontalen Komponente K_H der Federkraft K_e sowie der maximalen Haftreibungskraft $\mu_0|F_N|$ mit $\mu_0 = 0,33$ und der Gleitreibungskraft $|F_g| = \mu|F_N|$ mit $\mu = 0,20$ als Funktionen von $q/s*$.

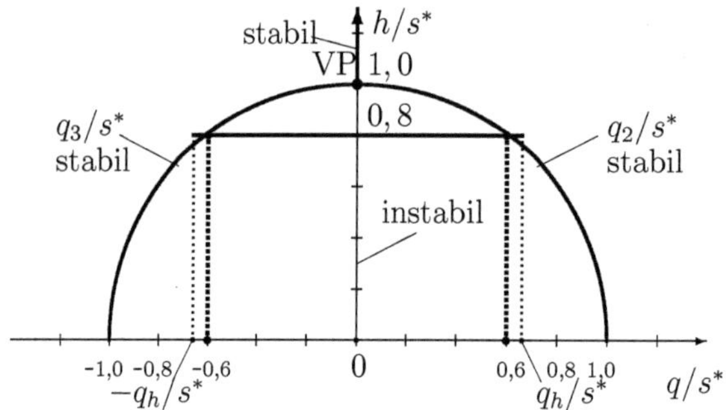

Abbildung 2.98: Stabilitätsdiagramm mit Gleichgewichtsbereich durch Reibung um die Gleichgewichtslagen $q_1/s* = 0$, $q_2/s* = 0,6$ und $q_3/s* = -0,6$ für $\mu_0 = 0,33$

In der Abb. 2.98 ist im *Stabilitätsdiagramm* des Systems mit den nummerischen Werten $h/s* = 0,8$, $mg/(cs*) = 0,0523$, $\mu_0 = 0,33$ und $\mu = 0,20$ der Gleichgewichtsbereich durch Reibung eingezeichnet, welcher sich von $-q_h/s* = -0,632$ bis $q_h/s* = 0,632$ erstreckt.

2.12.6.2 Phasenkurven im Abschnitt $q/s^* > 0$ für die Reibungskoeffizienten $\mu_0 = 0,33$ und $\mu = 0,20$

Die Abb. 2.99 zeigt im Abschnitt $q/s^* \geq 0$ die Phasenkurven und den Gleichgewichtsbereich durch Reibung.
Der Gleichgewichtsbereich ist durch eine dickere Linie auf der q/s^*-Achse gekennzeichnet.

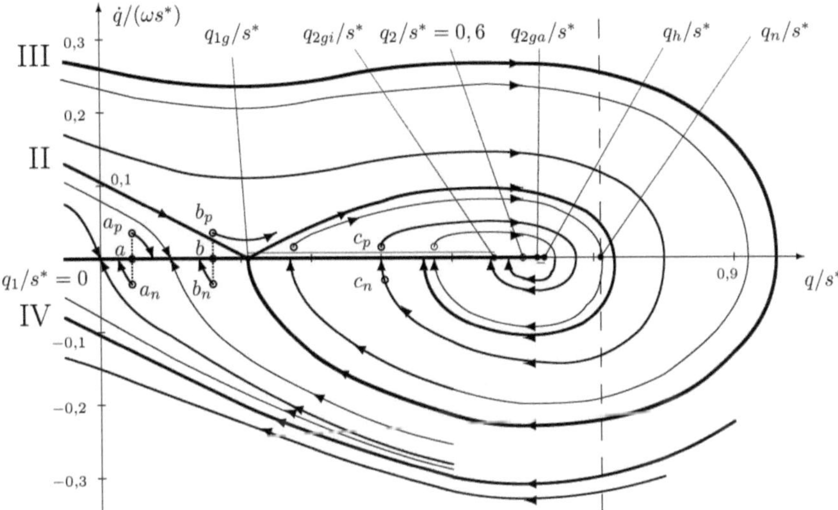

Abbildung 2.99: Phasenkurven im Abschnitt $q/s^* \geq 0$ mit einem Gleichgewichtsbereich durch Reibung $(-q_h/s^*,\ q_h/s^*)$ mit der instabilen Gleichgewichtslage $q_1/s^* = 0$ und der stabilen Gleichgewichtslage $q_2/s^* = 0,6$ für $\mu_0 = 0,33$ und $\mu = 0,20$

Weil der Gleitreibungskoeffizent μ sich nicht geändert hat, bleiben die Phasenkurven auch unverändert.

Durch den größeren Gleitreibungskoeffizent $\mu_0 = 0,33$ verändert sich aber das Verhalten des Körpers im Vergleich zu dem Fall mit $\mu_0 = 0,25$.

Wenn die Geschwindigkeit des Körpers im Bereich $(-q_h/s^*,\ q_h/s^*)$ $= (-0{,}632;\ 0{,}632)$ gleich wird mit null, dann bleibt der Körper in dieser Lage.

Die Phasenkurven, die in den Gleichgewichtsbereich $(-q_h/s^*,\ q_h/s^*)$ einmünden, enden auch in diesen Lagen. In diesem Bereich gibt es keine Umkehrpunkte des Körpers.

Die mit dicken Linien gezeichneten Grenzkurven II und III begrenzen den *Einzugsbreich des Gleichgewichtsbereiches* $(q_{1g}/s^*,\ q_h/s^*)$.

Die mit dicken Linien gezeichneten Grenzkurven II und IV begrenzen den *Einzugsbreich des Gleichgewichtsbereiches* $(-q_{1g}/s^*,\ q_{1g}/s^*)$.

In den Abschnitten $(q_{1g}/s^*,\ q_{2gi}/s^*) = (0, 210; 0, 556)$ und $(q_{2ga}/s^*,\ q_h/s^*) = (0, 622; 0, 632)$, die in der Abb. 2.99 mit einer zusätzlichen dünnen Linie gekennzeichnet sind, sind die Beträge der horizontale Komponente der Federkraft größer als die Beträge der Gleitreibungskräfte aber kleiner als die maximalen Haftreibungkräfte.

In den Abschnitt $(q_{1g}/s^*,\ q_{2gi}/s^*)$ münden nur Phasenkurven mit negativer Geschwindigkeit.

Bei Veränderungen der Anfangszustände im Abschnitt $(0,\ q_{1g}/s^*)$ durch kleine positive oder negative Anfangsgeschwindigkeiten, die durch kleine Kreise markiert und mit a, a_p und a_n bezeichnet sind, wird sich der Körper innerhalb des Bereiches in die positive bzw. negative Richtung in eine benachbarte Gleichgewichtslage verschieben.

Am Rande des Abschnittes, Anfangslage b mit einer positiven Anfangsgeschwindigkeit, so dass der Anfangszustand b_p sich oberhalb der Grenzkurve *II* befindet, wird sich der Körper aus diesem Bereich entfernen.

Bei Veränderungen der Anfangszustände im Abschnitt $(q_{1g}/s^*, q_{2gi}/s^*) = (0, 210; 0, 556)$ durch kleine negative Anfangsgeschwindigkeiten, Anfangszustand c_n, wird sich der Körper in eine benachbarte Gleichgewichtslage in die negative Richtung bewegen.

Bei Veränderungen der Anfangszustände im Abschnitt $(q_{1g}/s^*, q_{2gi}/s^*)$ durch kleine positive Anfangsgeschwindigkeiten, Anfangszustand c_p, wird sich der Körper mit einer Halbschwingung um q_{2gi}/s^* in die positive Richtung bewegen.

Analoges gilt auch im Abschnitt $q/s^* < 0$ mit umgekehrten Vorzeichen.

2.12.7 Gleichgewichtsbereiche und Phasenkurven für die Reibungskoeffizienten $\mu_0 = 0,40$ und $\mu = 0,33$

2.12.7.1 Gleichgewichtsbereiche für die Reibungskoeffizienten
$\mu_0 = 0,40$ **und** $\mu = 0,33$

Wegen den veränderten Werten der Reibungskoeffizienten verändern sich auch der Gleichgewichtsbereich und auch die Phasenkurven.

Mit den nummerischen Werten $h/s^* = 0,8$, $mg/(cs^*) = 0,0523$, $\mu_0 = 0,40$ und $\mu = 0,33$ zeigt die Abb. 2.100 im Bereich $q/s^* \geq 0$ die auf cs^* bezogenen Beträge von $|K_H|$ und $\mu_0|F_N|$.

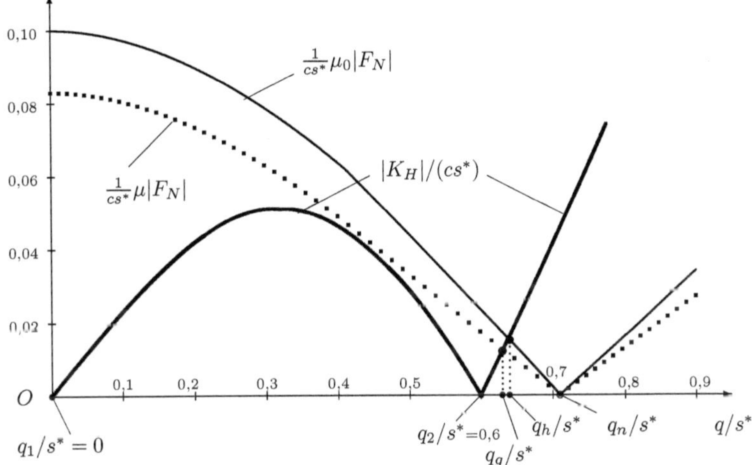

Abbildung 2.100: Auf $cs*$ bezogene Beträge der horizontalen Komponente K_H der Federkraft K_e sowie der maximalen Haftreibungskraft $\mu_0|F_N|$ mit $\mu_0 = 0,40$ und der Gleitreibungskraft $|F_g| = \mu|F_N|$ mit $\mu = 0,33$ als Funktionen von q/s^*.

Die Abszisse des Schnittpunktes der Kurven $|K_H|/(cs*)$ und $\frac{1}{cs^*}\mu_0|F_N|$ ist q_h/s^*=0,637. Somit bildet sich nur ein Gleichgewichtsbereich $(-q_h/s^*, q_h/s^*)$ =(-0,637; 0,637).

Innerhalb dieses Bereiches sind die Beträge der horizontalen Komponente $|K_H|$ der Federkraft K_e kleiner als $\mu_0|F_N|$.

Wenn die Lagekoordinate des Körpers sich in diesem Bereich befindet und die Geschwindigkeit gleich ist mit null, dann bleibt der Körper in dieser Gleichgewichtslage.

Mit dem Gleitreibungskoeffizenten $\mu = 0,33$ gibt es auch nur einen Schnittpunkt der Kurven $|K_H|/(cs*)$ und $\frac{1}{cs^*}\mu|F_N|$ mit der Abszisse $q_g/s^* = 0,632$. Somit bildet sich der Abschnitt $(-q_g/s^*,\ q_g/s^*) = (-0,632,\ 0,632)$ in welchem die Beträge der horizontalen Komponente $|K_H|$ der Federkraft K_e kleiner sind als $\mu|F_N|$.

2.12.7.2 Phasenkurven für die Reibungskoeffizienten $\mu_0 = 0,40$ und $\mu = 0,33$

Die Abb. 2.101 zeigt im Abschnitt $q/s^* \geq 0$ die Phasenkurven und den Gleichgewichtsbereich durch Reibung.

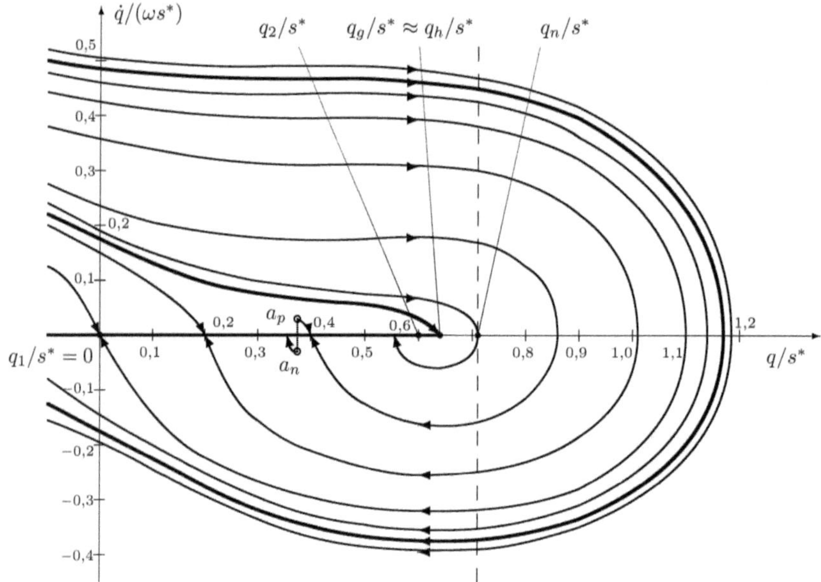

Abbildung 2.101: Phasenkurven im Abschnitt $q/s^* \geq 0$ mit einem Gleichgewichtsbereich durch Reibung $(-q_h/s^*,\ q_h/s^*)$ mit der instabilen Gleichgewichtslage $q_1/s^* = 0$ und der stabilen Gleichgewichtslage $q_2/s^* = 0,6$ innerhalb des Bereiches für die Reibwerte $\mu_0 = 0,40$ und $\mu = 0,33$

Durch den größeren Haftreibungskoeffizenten $\mu_0 = 0,40$ verändert sich das Verhalten des Körpers im Vergleich zu den Fällen mit $\mu_0 = 0,25$ und $0,33$.

Wegen $q_g/s^* = 0,632$ und $q_h/s^* = 0,637$ ist der Abschnitt, in welchem die horizontale Komponente der Federkraft größer ist als die Gleitreibungskraft aber kleiner ist als die maximale Haftreibung, nicht ausgeprägt.

Die mit dicken Linien eingezeichneten Phasenkurven sind *Grenzkurven*.

Wenn die Geschwindigkeit des Körpers im Bereich $(-q_h/s^*, q_h/s^*)$ gleich wird mit null, dann bleibt der Körper in dieser Lage.

Die Phasenkurven, die in den Gleichgewichtsbereich $(-q_h/s^*, q_h/s^*)$ einmünden, enden auch in diesen Lagen. In diesem Bereich gibt es keine Umkehrpunkte des Körpers.

Bei Veränderungen der Anfangszustände im Abschnitt $(0, q_g/s^*)$ durch kleine positive oder negative Anfangsgeschwindigkeiten in die Anfangszustände a_p bzw. a_n, die durch kleine Kreise markiert sind, wird sich der Körper innerhalb des Bereiches in die positive bzw. negative Richtung in eine benachbarte Gleichgewichtslage verschieben.

Analoges gilt auch im Abschnitt $q/s^* < 0$.

2.12.7.3 Phasenporträt für $\mu_0 = 0,40$ und $\mu = 0,33$

Die Abb. 2.102 zeigt das Phasenporträt für die Reibwerte $\mu_0 = 0,40$ und $\mu = 0,33$ mit einem Gleichgewichtsbereich $(-q_h/s^*, q_h/s^*) = (-\,0{,}637;\ 0{,}637)$, in welchem sich die instabile Gleichgewichtslage $q_1/s^* = 0$ sowie die stabilen Gleichgewichtslagen $q_2/s^* = 0,6$ und $q_3/s^* = -0,6$ befinden.

Die mit dicken Linien eingezeichneten Phasenkurven 1 und 2 sind *Grenzkurven*.

Mit Anfangsbedingungen zwischen den Grenzkurven 1 und 2 münden die Phasenkurven mit negativen Geschwindigkeiten in den Gleichgewichtsbereich.

Mit Anfangsbedingungen zwischen den Grenzkurven 2 und 1 münden die Phasenkurven mit positiven Geschwindigkeiten in den Gleichgewichtsbereich.

Der Vergleich der Phasenporträts Abb.2.96 und Abb. 2.102 zeigt veränderte Muster im Verlauf der Phasenkurven und Unterschiede im Verhalten des Körpers auf Veränderungen der Anfangsbedingungen innerhalb des Gleichgewichtsbereiches.

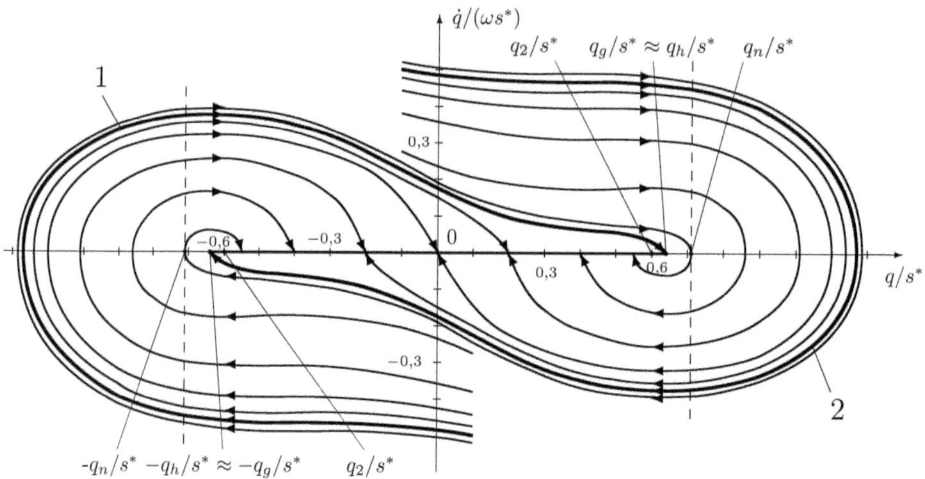

Abbildung 2.102: Phasenporträt für die Reibwerte $\mu_0 = 0,40$ und $\mu = 0,33$ mit einem Gleichgewichtsbereich $(-q_h/s^*,\ q_h/s^*)$, in welchem sich die instabile Gleichgewichtslage $q_1/s^* = 0$ sowie die stabilen Gleichgewichtslagen $q_2/s^* = 0,6$ und $q_3/s^* = -0,6$ befinden

2.12.8   Anmerkung 1

Für ein nichtlineares Schwingungssystem, welches im konservativen Fall zwei stabile und eine instabile Gleichgewichtslage hat, werden im Abschnitt 2.12 die Gleichgewichtsbereiche bestimmt, die sich bilden, wenn Reibung berücksichtigt wird.

Für die Annahme, dass der Haftreibungskoeffizient größer ist als der Gleitreibungskoeffizient, werden mit Hilfe einer bereichsweise geltenden Bilanzgleichung die Phasenkurven berechnet.

Um die Gleichgewichtslagen innerhalb der Gleichgewichtsbereiche zu charakterisieren, wird das Verhalten des Körpers mit Anfangslagen in den Gleichgewichtsbereichen auf Veränderung der Anfangszustände durch kleine positive und negative Anfangsgeschwindigkeiten bestimmt.

Aus diesen Untersuchungen ergeben sich die folgenden Schlussfolgerungen.

• Es bilden sich Gleichgewichtsbereiche sowohl um die stabilen Gleichgewichtslagen als auch um die instabile Gleichgewichtslage des konservativen Systems.

- Die Grenzen der Gleichgewichtsbereiche werden durch die Haftreibungskräfte bestimmt.

Innerhalb dieser Bereiche ist der Betrag der Horizontalkomponente der Federkraft kleiner als die maximale Haftreibungskraft.

Wenn die Geschwindigkeit des Körpers in einer Lage innerhalb eines Gleichgewichtsbereiches gleich null wird, verbleibt der Körper in dieser Lage.

- Die Horizontalkomponente der Federkraft und die Gleitreibungskräfte bestimmen den Verlauf der Phasenkurven

- Innerhalb der Gleichgewichtsbereiche gibt es Abschnitte, in welchen die Beträge der Horizontalkomponente der Federkraft kleiner sind sowohl als die maximale Haftreibungskraft als auch kleiner sind als die Beträge der Gleitreibungskräfte.

Innerhalb dieser Abschnitte reagiert der Körper auf Veränderungen der Anfangszustände duch kleine positive oder negative Anfangsgeschwindigkeiten durch kleine Verschiebungen innerhalb dieser Abschnitte in die positive bzw. negative Richtung.

- Innerhalb der Gleichgewichtsbereiche gibt es Abschnitte, in welchen die Beträge der Horizontalkomponente der Federkraft kleiner sind als die maximale Haftreibungskraft aber größer sind als die Beträge der Gleitreibungskräfte.

Innerhalb dieser Abschnitte reagiert der Körper unterschiedlich auf Veränderungen der Anfangszustände duch kleine positive oder negative Anfangsgeschwindigkeiten, je nachdem ob der Abschnitt sich in einem Gleichgewichtsbereich um eine stabile oder um eine instabile Gleichgewichtslage des konservativen Systems befindet.

In einem Abschnitt eines Gleichgewichtsbereiches um eine instabile Gleichgewichtslage bewirken kleine Veränderungen der Anfangszustände duch kleine Anfangsgeschwindigkeiten entweder Verschiebungen in benachbarte Gleichgewichtslagen in Richtung der instabilen Gleichgewichtslage oder eine Bewegung weg von der instabilen Gleichgewichtslage.

In einem Abschnitt eines Gleichgewichtsbereiches um eine stabile Gleichgewichtslage bewirken kleine Veränderungen der Anfangszustände duch kleine Anfangsgeschwindigkeiten entweder Halbschwingungen in Richtung der stabilen Gleichgewichtslage oder Verschiebungen in benachbarte Gleichgewichtslagen weg von der stabilen Gleichgewichtslage.

2.12.9 Anmerkung 2

Das Phasenpoträt des Schwingungssystems ohne Widerstandskräfte ist in der Abb. 2.103 dargestellt.

Für dieses System gibt es stationäre Bewegungen um die instabile Gleichgewichtslage $q/s^* = q_1/s^* = 0$ sowie um die stabilen Gleichgewichtslagen $q/s^* = q_2/s^* = 0,6$ und $q/s^* = q_3/s^* = -0,6$.

Das Phasenporträt ist gekennzeichnet durch einen Sattelpunkt und zwei Zentren.

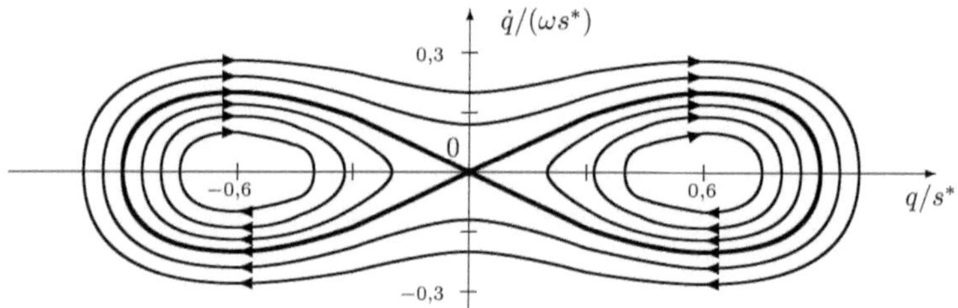

Abbildung 2.103: Phasenporträt des konservativen Systems für $h/s^* = 0,8$

Das Phasenpoträt des Schwingungssystems mit geschwindigkeitsproportionaler Dämpfung ist in der Abb. 2.104 qualitativ dargestellt.

Für dieses System tendieren die Bewegungen zu gedämpften Schwingungen um die stabilen Gleichgewichtslagen $q/s^* = q_2/s^* = 0,6$ und $q/s^* = q_3/s^* = -0,6$.

Das Phasenporträt ist gekennzeichnet durch einen Sattelpunkt und zwei stabilen Fokusen.

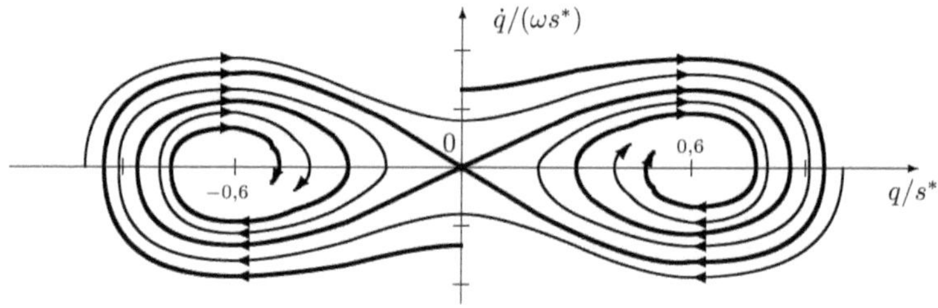

Abbildung 2.104: Phasenporträt des Systems mit viskoser Dämpfung für $h/s^* = 0,8$

Die Abbildungen 2.96, 2.99 und 2.102 zeigen Phasenporträts des Systems, wenn Haft- und Gleitreibungskräfte berücksichtigt werden und sich Gleichgewichtsbereiche bilden.

Der Vergleich dieser Phasenporträts mit den Abbildungen 2.103 und 2.104 zeigt, dass die Begriffe Zentrum, Fokus und Sattelpunkt für das System mit Reibung, wenn Gleichgewichtsbereiche auftreten, nicht anwendbar sind.

Die Phasenkurven für Systeme mit Reibung bilden eigene Muster.

Diese Muster unterscheiden sich, wenn die Gleichgewichtsbereiche sich um stabile oder instabile Gleichgewichtslagen des konservativen Systems bilden, die vom Stukturparameter h/s^* abhängen, und sind auch von den Werten der Strukturparameter Reibugfskoeffizienten abhängig, welche über die Größe der Gleichgewichtsbereiche und über den Verlauf der Phasenkurven um die Gleichgewichtsbereiche entscheiden.

Ergänzende Literaturhinweise

1 **Abraham, R & Marsden, J E** 1978, *Foundations of Mechanics*,
The Benjamin/Cummings Publishing Company, Reading MA

2 **Andronov, A A & Witt, A A & Chaikin, S E** 1969, *Theorie der
Schwingungen*, Akademie-Verlag, Berlin

3 **Cosgriff, L G** 1958, *Nonlinear Control Systems*, McGraw-Hill Book
Company, Inc., New York-Toronto-London

4 **Gross, D& Hauger, W& Schnell, W& Schröder, J& Wall W A**
2006, *Technische Mechanik, Band 3: Kinetik*, 9. Auflage,
Springer-Verlag, Berlin-Heidelberg

5 **Kauderer, H** 1958 (2013), *Nichtlineare Mechanik*, Springer-Verlag,
Berlin-Göttingen-Heidelberg

6 **Klepp, H J** 1985, *Über die Gleichgewichtslagen und Gleichgewichtsbereiche nichtlinearer autonomer Systeme*, Mitteilungen aus dem
Institut für Mechanik Nr. 45, Ruhr-Universität Bochum

7 **Klepp, H J** 2013, *Technische Mechanik, Kinematik und Kinetik des
Massenpunktes*, Pro Business Verlag, Berlin

8 **Klepp, H J** 2013, *Technische Mechanik, Kinematik und Kinetik I*,
Pro Business Verlag, Berlin

9 **Klepp, H J** 2013, *Technische Mechanik, Kinematik und Kinetik II*,
Pro Business Verlag, Berlin

10 **Klepp, H J** 2014, *Technische Mechanik, Stabilität mechanischer
Systeme*, Pro Business Verlag, Berlin

11 **Klepp, H J** 2016, *Technische Mechanik, Analytische Methoden*,
Pro Business Verlag, Berlin

12 **Klepp, H J** 2018, *Technische Mechanik, Aufgaben, Zeitabhängige
(rheonome) Bindungen, Strukturstabilität*, Pro Business Verlag, Berlin

13 **Klepp, H & Schmidt, G** 1993, *Ergänzende Kapitel zur Technischen
Mechanik*, Lehrbriefe zum Kurs *Theorie mechanischer Systeme*,
FernUniversität in Hagen, Fakultät für Mathenatik und Informatik

14 Klotter, K *Technische Schwingungslehre, 1988, 1. Band Einfache Schwinger, Teil A: Lineare Schwingungen, 1980, Teil B: Nichtlineare Schwingungen, 1981, 2. Band: Schwinger von mehreren Freiheitsgraden (Mehrläufige Schwinger)*, Springer-Verlag, Berlin

15 Malkin, J G 1959, *Theorie der Stabilität einer Bewegung*, Oldenbourg Verlag, München

Index